# クビナガリュウ 発見！

伝説のサラリーマン化石ハンターが
伝授する化石採集のコツ

宇都宮 聡［著］

築地書館

■クビナガリュウの連続した椎骨（背骨）の化石が出てきた

## 九州初 白亜紀日本最古の クビナガリュウ発見！

■クビナガリュウの下顎化石。長く鋭い歯が見える。このブロックには、まだ複数の歯と頭骨の一部がふくまれており、現在もクリーニング中だ

■グレイソニテス。激しい肋と突起が魅力的なアンモナイト。右は背面［直径23cm］

# クビナガリュウと一緒に出てきたアンモナイトたち

（鹿児島県長島町獅子島幣串　白亜紀セノマニアン）

■マリエラ。塔状の形状になる異形巻アンモナイト［長径10cm］

■アニソセラス。ゆるい塔状の気室からステッキ状の住房が下がる異形巻アンモナイト［長径12cm］

# 北海道のアンモナイトたち

■日本最大級のアンモナイト。メートルオーバー、
350キロ超の超大物。息子（当時4歳）より大きい！

■ユーボストリコセラス・ジャポニカム。ゆるい塔状になる異形巻アンモナイト［北海道夕張市白金沢　白亜紀チューロニアン　15cm］

■異形巻アンモナイトの王様、ニッポニテス・ミラビリス［北海道小平町上記念別沢　白亜紀チューロニアン　長径7cm ］

■クサリサンゴ（ハリシテス・シスミルヒー）。右は研磨面のアップ［標本の大きさ15×20cm］

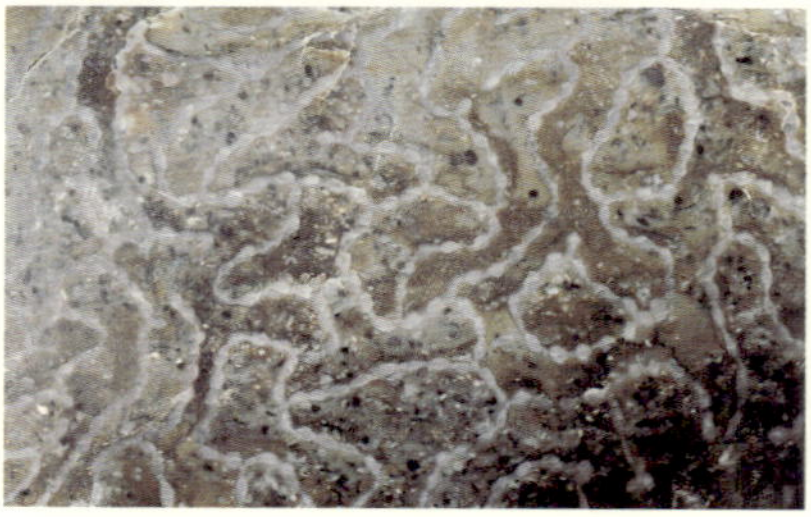

## 祇園山のサンゴ化石
（宮崎県五ヶ瀬町祇園山　シルル紀）

■床板サンゴ（エオフレトチェリア）の研摩標本［長径17cm］

■クサリサンゴ（ハリシテス・クラオケンシス）［長径20cm］

■クサリサンゴ（ファルシカテニポーラ？）［長径13cm］

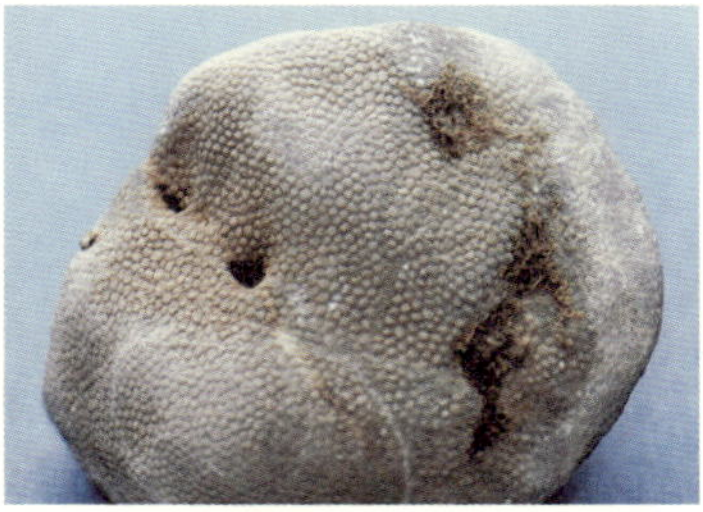

■ハチノスサンゴ（ファボシテス）［長径5cm］

# 日本各地の美しい化石たち

■コハク［岩手県久慈市　白亜紀サントニアン長径7cm］

■イセシラガイ。方解石に置換されている［広島市　新生代　大きい個体5cm］

■ウミユリ［岩手県宮古海岸　白亜紀前期　8cm］

■日本最古のクモヒトデ。群体で産出した［京都府夜久野町　中生代三畳紀　9cm］

■カルカロクルス・メガロドン。巨大ザメの歯の化石。別名天狗の爪［宮城県亘理町新生代中新世　9.5cm］

# クビナガリュウ発見!

## ——伝説のサラリーマン化石ハンターが伝授する化石採集のコツ

# はじめに～化石採集《ストーンハンティング》の愉《たの》しみ

化石採集はダイナミックな作業だ。

時には、崖《がけ》によじ登り、熊が出る沢や山中に分け入ったり、またある時にはスキューバダイビングで海に潜《もぐ》ったりもする。

発掘《はっくつ》というより、狩《か》り、そう「ストーンハンティング」と呼ぶのがピッタリだ。

化石採集には、大きくいって4つの愉しみがある。

一つ目の愉しみは、まさに、**宝探しの愉しみ**だ。獲物《えもの》（化石）が出そうな場所を、想定して、探索《たんさく》する。そして、獲物を発見した時の喜びは、言葉なんかではいい表せない。

二つ目は、**クリーニングの愉しみ**だ。

化石は、発見した状態では、ほとんどの場合、岩におおわれていたり、もろくなっていたりして、化石本来の姿はよくわからない。だから、周りの余分な石を、剝《は》ぎ取る作業が必要になる。これをクリーニングと呼ぶ。

根気と手間が必要な作業だが、タガネや専門の道具を使って、化石が大昔、生きていた時の姿を想像しながら復元する。

それが、より完全に近いものであればあるほど、その喜びは増し、時として、自分の想像をはるかに超えるものであった時の興奮は、クリーニングした人だけが味わえる愉しみだ。

三つ目は、採集した化石について調べたり、発見したことを専門誌などに発表したりする愉しみだ。

岩から取り出した化石が何であるのか？　**ひょっとしたら新種かも**しれない、自分の名前がついて後世まで残るかもしれないのである。

また、その生物がなぜその場所で死んで化石となったのか？　死因は何か？　名探偵《めいたんてい》になったつもりで究明するのも愉しい。

そして四つ目、**最大の愉しみ**は、化石を通じてさまざまな人と出会えることだ。年齢《ねんれい》、業種を超えて、わかり合い、友人として一生の付き合いができるのは、趣味を通じて得た友人たちだ。

すばらしい研究者だけでなく、市井《しせい》の中には、生業《なりわい》とは別に、人生を愉しむ趣味として、化石と取り組んでいる人々が多数おられる。僕はその方々に、ほんとうにたくさんのことを教えていただいた。

本書は、九州初のクビナガリュウ化石発見がきっかけになって、化石の愉しみを一人でも多くの人に伝えたいと思い執筆《しっぴつ》した。

クビナガリュウ化石の発見は望外の幸せであり、それにともなうドラマを書き残せたらと思っている。

本書をお読みいただいて、一人でも多くの方に、化石の世界、恐竜の世界に興味をもっていただければ幸いだ。

## 目次

コラム



＊カバー、本文中のイラストは著者によるものです。
＊２ページの写真は著者の家の表札（デザイン：著者、木彫：浜田百子）

# 化石の虜《とりこ》になる

## 徳島県上勝町《かみかつちょう》正木《まさき》ダム周辺

正木ダム周辺に広がる砂岩層より、
約1億2000万年前の三角貝化石が出る。

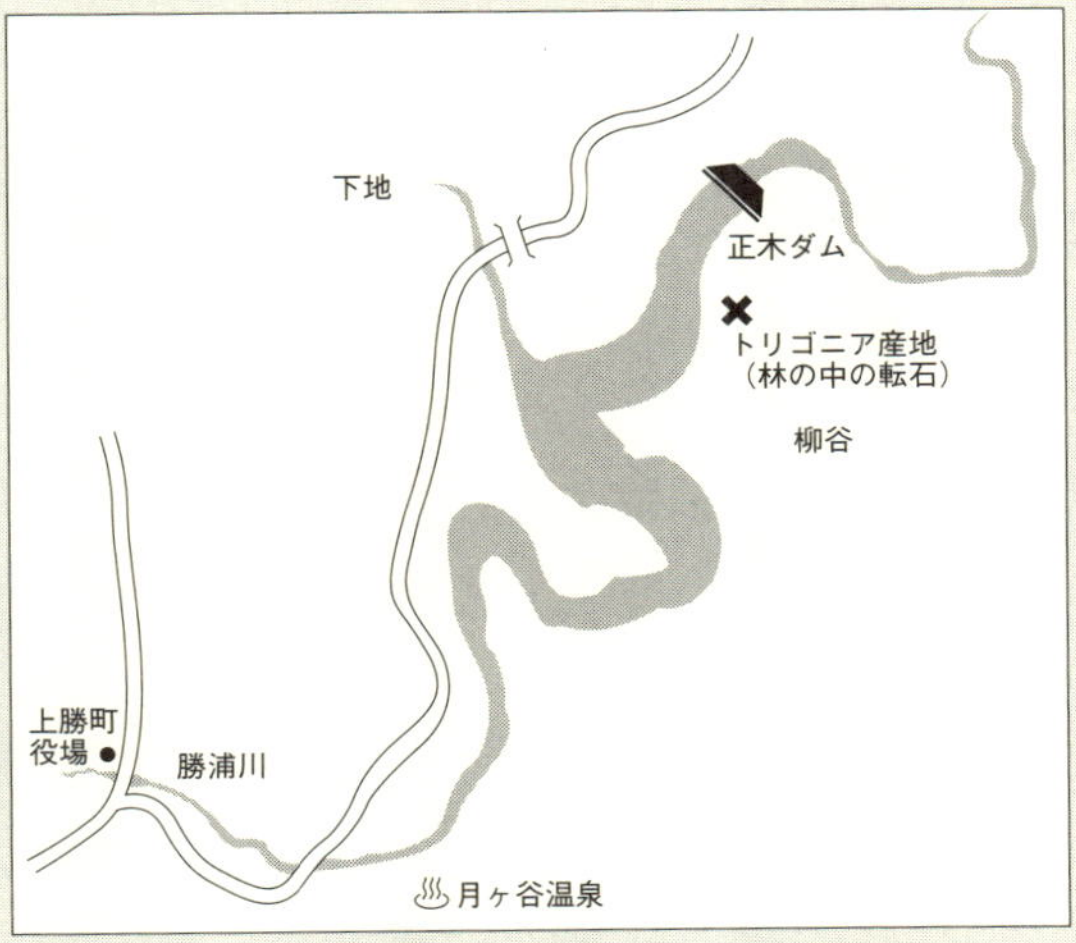

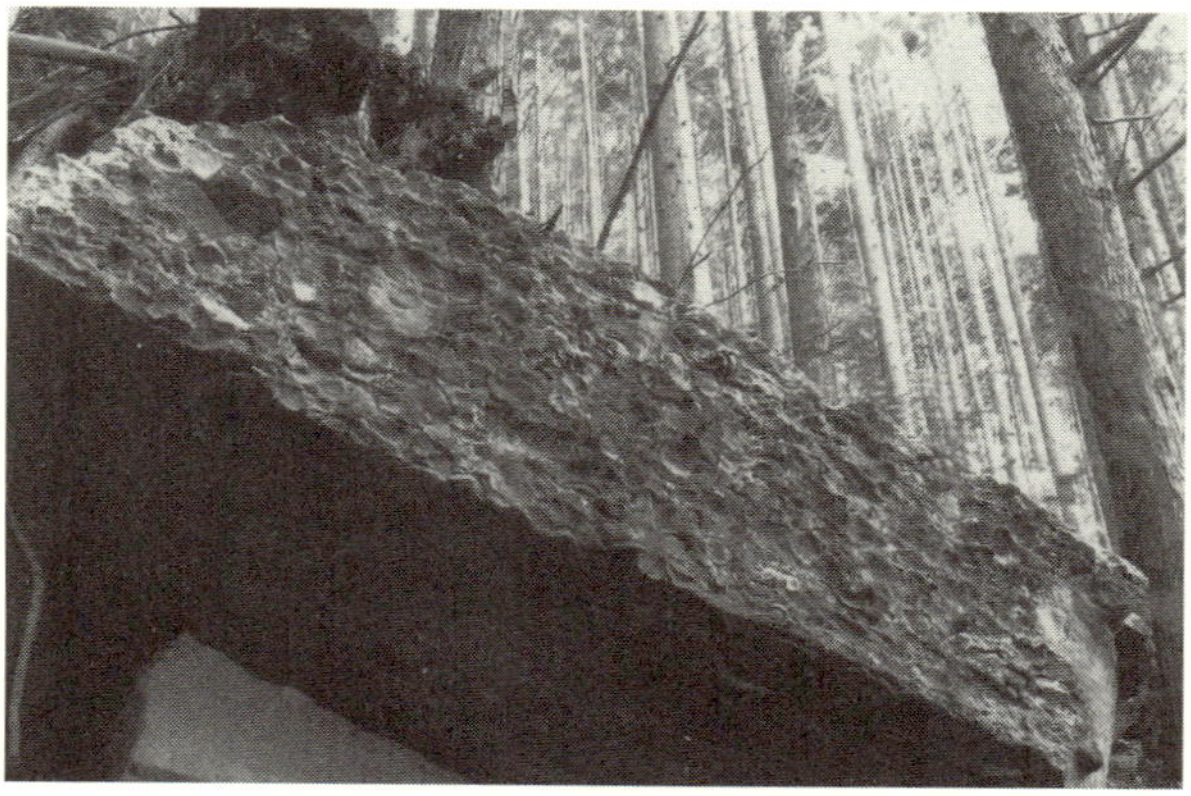

**徳島県上勝町の三角貝産地**

砂岩の大きな転石に密集して三角貝が入っている

（撮影＝沖津昇氏）

父の転勤で、四国の松山から高松にひっこしたのが、小学校6年生の時だった。

ちょうど高松市の広報紙に、市主催《しゅさい》の化石採集ツアーの募集《ぼしゅう》が掲載《けいさい》されていた。行き先は、徳島県上勝町。白亜紀の地層から三角貝（トリゴニア）が採集できるという。

もともと、昆虫や動物などが大好きで、化石にも興味があった。太古の宝が簡単に採れるのだろうか？と思いながら母に申しこんでもらった。

9月の秋晴れの下、大型バス一台に、多くのファミリーが乗り合い、僕も母と弟の3人で参加した。

バスは、曼珠沙華《まんじゅしゃげ》が満開の田園をぬけて、山道を登って行った。杉林の中に産地はあっ

**はじめて採集した化石**

三角貝の雌型《めがた》化石［徳島県上勝町　白亜紀］

た。

林の中の転石《てんせき》に三角貝の化石が入っているという説明があり、早速、僕たちも産地に取りついた。

粗《あら》い砂岩のかたまりを手に取り、目をこらすと、**岩の表面に貝の殻《から》の模様がはっきりと浮き出ている。はじめて、化石を手にした**瞬間《しゅんかん》だった。

なんともいえない、ずしりとした質感が手の中にあった。宝物とはこういうものなのだと思った。

子どものころから、潮干狩りにはよく行っていたが、上勝町の山奥で太古の貝が出ることに不思議を感じずにはいられなかった。

近くの祠《ほこら》に、大人でひとかかえほどもある

**三角貝の雌型化石**

プテロトリゴニアの仲間の二枚貝。プテロとは翼を意味し、両殻あるとまさに天使の翼のような外見となる［熊本県御所浦島　白亜紀セノマニアン］

大きな岩がまつられており、その表面にびっしりと三角貝が浮き出ていたのが、忘れられない。

転石をリュックいっぱい拾って、産地を後にした。

はじめての化石採集で、**宝探しの愉しさ**を知った。

もっといろんな化石を集めてみたい！

子ども心にそう決意したのだった。

# 化石採集のマナー

**①土地の所有者に許可を取る**

化石採集をする場所は、個人の私有地や工事現場である場合がほとんどです。私有地の場合、その所有者に採集の許可を必ず得てください。

**②国有地や営林署の管轄地《かんかつち》の場合**

国有地や営林署の管轄地の場合は、所定の管理事務所に届け出を出す必要があります。採集禁止の場所もありますので、確認を取りましょう。

**③立つ鳥跡《あと》をにごさず**

採集後は、散らかしっぱなしにするのではなく、必ず原状回復しましょう。

**④採れるだけ採るは✕**

採集は必要最低限にとどめ、後の人のためにも、乱獲はやめましょう。

**⑤安全を確保する**

崖や工事現場の場合、崩落の危険もあります。小さい石が落ちてきたりしたら、すぐに避難してください。自分の命は自分で守りましょう。

**⑥天候の急変に気を配る**

大雨や雷など、急に天候が変化した場合は、無理せず、すみやかに撤収《てっしゅう》する勇気も大切です。

# 化石の師匠《ししょう》に出会う

**香川県さぬき市多和兼割《たわかねわり》**
**(四国八十八番札所大窪寺《おおくぼじ》近く)**

採石場だったが、現在は稼働《かどう》していない。泥岩《でいがん》の中から白亜紀のアンモナイトやオウムガイ、モササウルスなどが出る。新種として論文に記載された棒状アンモナイト、バクリテス・コタニイはここから産出した。この周辺の槇川や五名の露頭からも白亜紀の化石が出る。

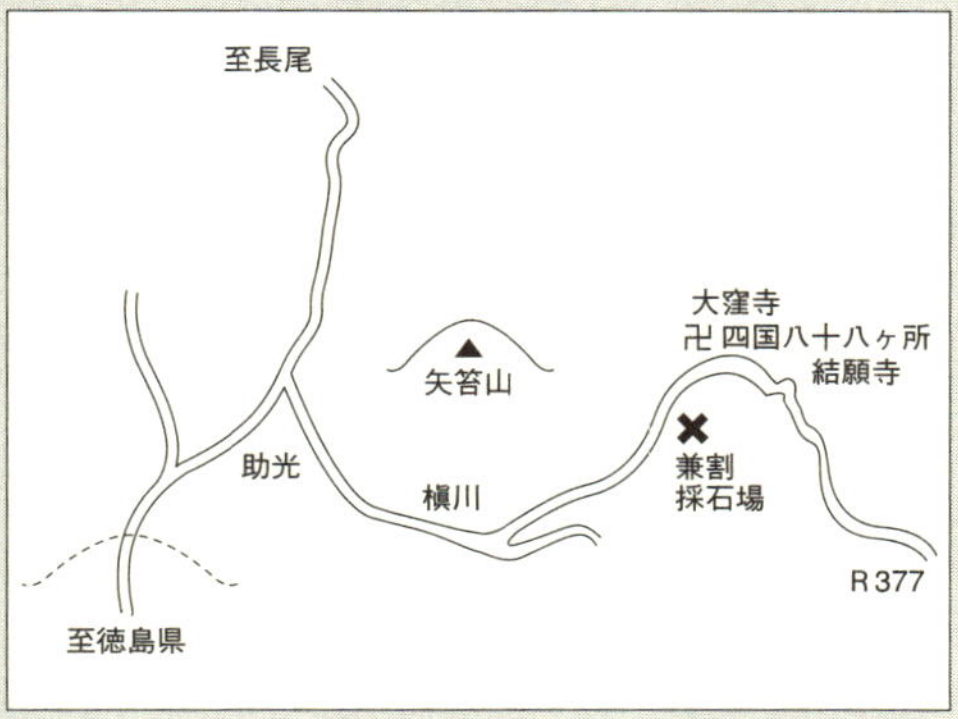

中学1年生のある春の日、地学ガイドブックで、高松市内からほど近い五色台《ごしきだい》という山(カンカンと金属のような音がする、サヌカイト石で有名)の凝灰岩《ぎょうかいがん》の地層から、新生代の植物化石が出ることを知った。

早速、友人と二人、自転車で山道を産地に向かった。

まだ正式な採集道具*すらそろえておらず、大工仕事で使うカナヅチだけで、苦労して地層を崩《くず》していった。薄く層に沿って岩を剥《は》がすと、**白い岩肌《いわはだ》の上に、くっきりと植物の葉脈が化石**として浮き出ていて、思わず歓声をあげた。

友人ともども、リュックいっぱいに化石をつめこみ、いざ山を下ろうと自転車に乗った

**香川県さぬき市多和兼割**

白亜紀の良質な化石を多産した兼割採石場の稼働時の様子。モササウルスの頭骨、ウミガメ、オウムガイ、アンモナイト、イノセラムスなどを産した(撮影=井内昌樹氏)

＊採集の道具、服装、装備は、33、34ページのコラム参照。

その時、軽自動車が僕たちの目の前に止まった。

なにやら採集道具とおぼしきものがいっぱい積んである車の中から、口ひげを蓄《たくわ》えた小柄な人物が降りてきた。

「君たち、化石採りよるん」

と、讃岐《さぬき》弁で聞かれて、友人と顔を見合わせた。

その人は、僕たちの気持ちに気づいたのか、

「僕も、化石を集めているんだ。見てみるかい？」

と、車の中から、新聞紙に包んだままの未整理の採集品を取り出し、見せてくれた。

阿讃《あさん》山脈の白亜紀層からの貝化石だったと思うが、それは、ずっしりと重く、**不思議な**

**井内師匠と出会った産地で採集した植物化石**

［香川県五色台　新生代］

**オーラ**を発していた。

「僕の家には、もう少し化石があるよ。アンモナイトとか……」

「ぜひ、見せてください！」


口ひげの人物は、香川県では有名な化石コレクターの井内昌樹さんだった。

数日後、井内さんの自宅を訪れ、標本を見せていただいて**思わず息をのんだ**。

それまで、化石といえば、採集した葉っぱの化石のように、ぺったんこの二次元のイメージしかなかったのだが、目の前にある化石は、コルク抜《ぬ》きのようにゆるく立体的に巻いたアンモナイトや、両殻《りょうかく》が残された二枚貝など、立体的なものだったのだ。

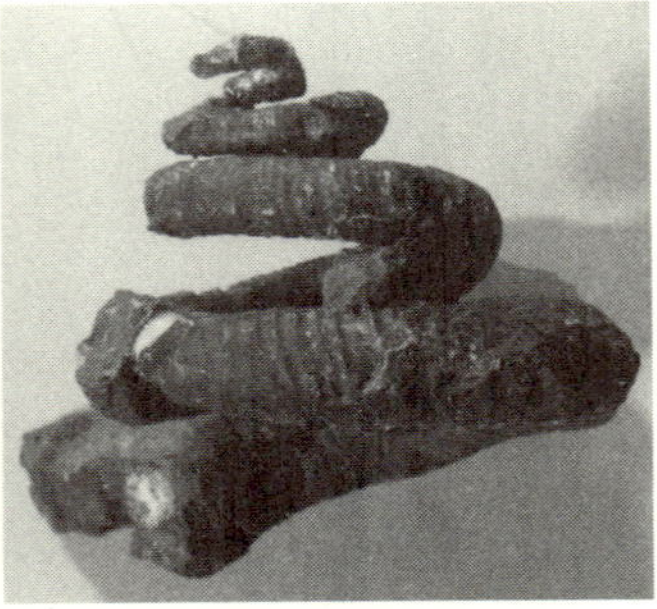

**井内コレクション1**

じゃばら状になった異形巻アンモナイト。硬いノジュール中から丹念にクリーニングした標本。当地では棒状のバクリテスというアンモナイトもともに産出する［ディディモセラス　香川県さぬき市多和兼割　白亜紀カンパニアン　高さ8cm］

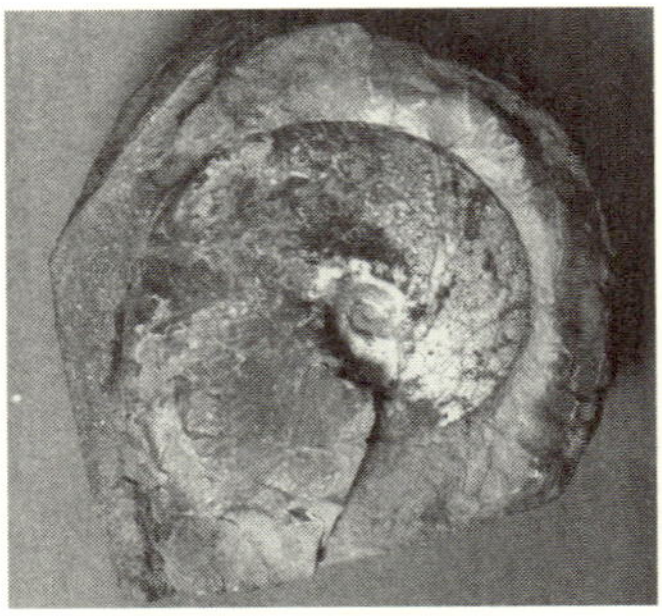

**井内コレクション2**

薄い円盤状のアンモナイト。北海道の遠別からは同種の虹色の遊色を出す標本を産する。香川県産の標本のほうがより大型となる［メタプラセンティセラス・サブティリストリアータム　香川県満濃町　白亜紀カンパニアン　直径9.5cm］

どの化石もすごいレベルでクリーニングがされていて、どれも芸術品以上の感動を僕に与えた。稲妻に打たれた思いである。

ぜひ、自分でも**こんな化石を採ってみたい！**

そんな気持ちがふつふつとわいてきた。

それから、井内さんを師として、阿讃山脈の白亜紀層をフィールドに、採集を始めた。当時は自家用車もなく、**自転車で数十キロの山道を走破**したこともある。

気に入った産地は、八十八番札所、大窪寺にほど近い、兼割採石場だ。

真っ黒な泥岩の中のノジュール（石灰質の団塊《だんかい》中に化石をふくむことが多い）から、棒状のアンモナイトや二枚貝、それからごくま

**クリーニングを始めたころの僕の標本**

ノジュールに入った中型のイノセラムス。イノセラムス化石は、示準《しじゅん》化石*としても使われ、この種類はカンパニアン下部を示す［イノセラムス・バルティカス　香川県さぬき市多和兼割　白亜紀カンパニアン　長径20cm］

＊示準化石とは、時代を確定するものさし（示準）となる化石。ほかにアンモナイトや三葉虫も重要な示準化石の一種。

れに、井内コレクションで見た、コルク抜き状のアンモナイトを得ることができた。

クリーニングにも挑戦《ちょうせん》してみた。

タイル用の小型タガネで、ノジュール中から化石を削《けず》り出す。

大変な作業だったが、少しずつ、**太古の生物がその姿を現す**のが愉しくて、ついつい深夜まで作業に没頭《ぼっとう》した。

ノジュールは大変硬く、時々、タガネから火花が飛び散り、石の破片が顔にささったりもした。多くの標本をだめにしたが、自己流ながら、井内師匠の標本作品をイメージして、徐々に納得のいくできばえの標本が増えていった。

これまで、多くの化石コレクターのクリーニング作業を見てきたが、今でも、井内師匠の技術がいちばんだと思っている。

# 海に潜《もぐ》って
# アンモナイト採集

## 兵庫県西淡町《せいだんちょう》（淡路島南部）

阿讃山脈から続く和泉層群《いずみそうぐん》の白亜紀化石を豊富に産出する。特に異形巻アンモナイトは有名。最近、恐竜も発見された。

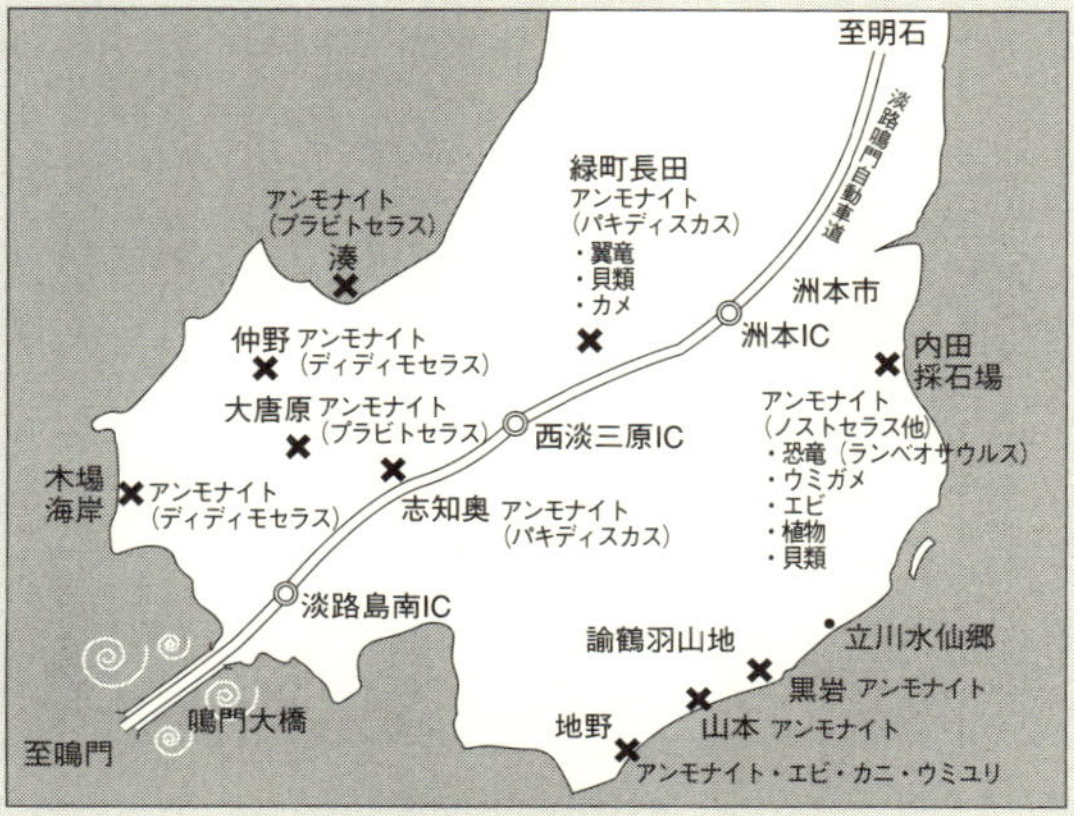

高校時代、はまってよく通った産地が、淡路島だ。

淡路島は、阿讃山脈と同じく、和泉層群に属し、**白亜紀末の特徴的なアンモナイト**がたくさん採れることで知られている。

西淡町阿那賀《あなが》の木場海岸は、特に気に入った産地だった。

干潮時に海底の白亜紀の泥岩《でいがん》層が現れるのだが、その中に、ごくまれに異形巻アンモナイト、**ディディモセラス・アワジエンゼ**が出る。塔状《とうじょう》の気房《きほう》部に続いて住房《じゅうぼう》部が垂れ下がる、不思議な形のアンモナイトの完全体を得たいと、関西や四国の化石ハンターたちが足しげく通っていた。鳴門《なると》大橋が完成する前後である。

**淡路島木場海岸**

白亜紀カンパニアンの岩盤が海岸に露出している。異形巻アンモナイト、ディディモセラスをふくむノジュールが産出する

潮が引き始めると、岩盤《がんばん》をていねいに調べていく。ほとんどのアンモナイトは15センチほどのノジュールの表面に筋がくっきりと浮かんで、なんともいえない迫力があった。

岩盤に少しでもノジュールが出ていれば、がんばって岩を割り欠くのだが、この岩盤がおそろしく硬い。むやみに割るのは効率が悪い。むしろ、転石となったノジュールを探したほうが**化石に出会う確率**は高かった。

中には、スキューバダイビングの装備をつけて、水深5~10メートルに潜り、ごっそりと標本を得ている人もいた。

高校生の僕には、そこまでの装備はできないが、**水中メガネとシュノーケル**で、2~3メートルの深さまで潜って化石を探した。

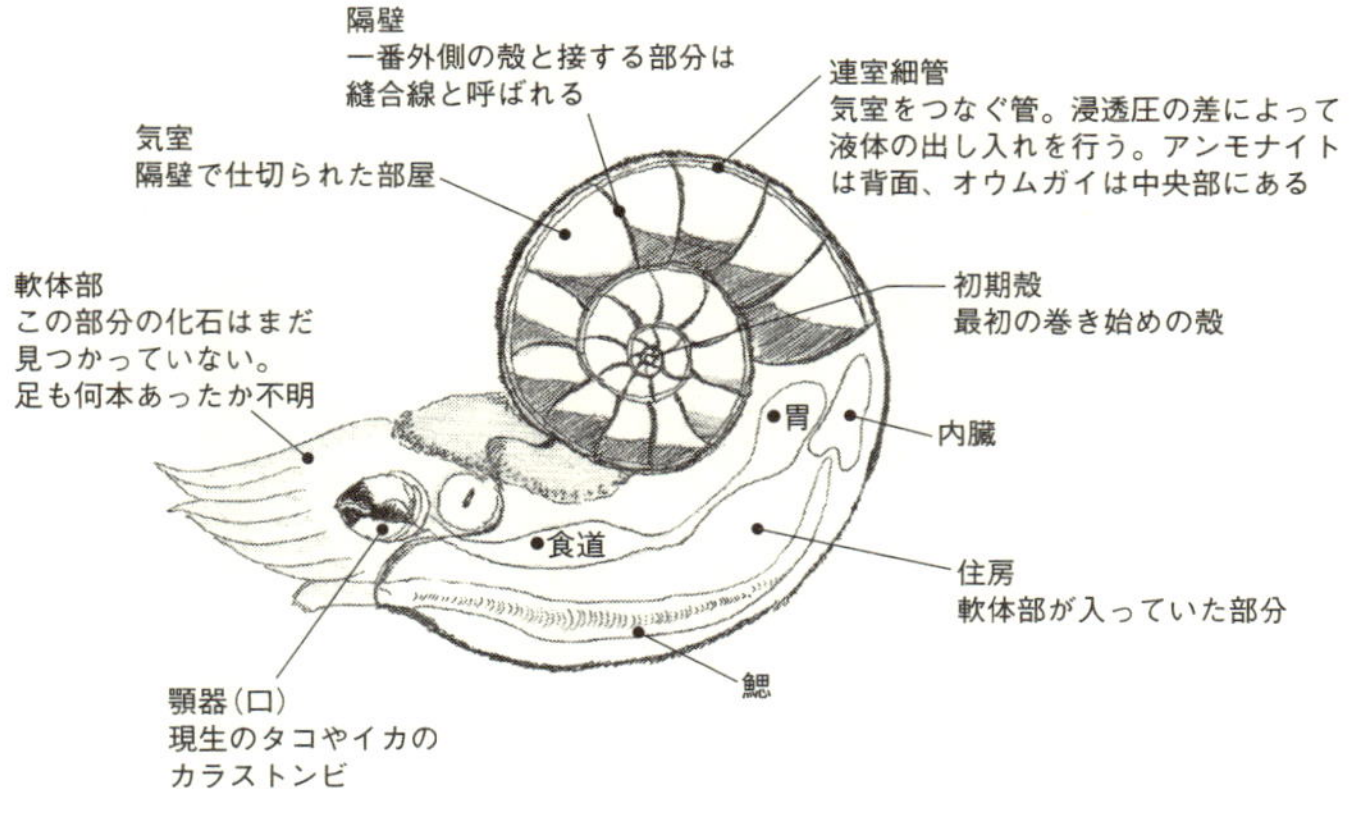


アンモナイトの基本構造

それでも当時は、かなりの標本を得ることができた。しかし、大半の標本はかんじんの化石部分が、波による摩滅《まめつ》と岩に穴をあける貝による破損があり、なかなか完品を得ることは難しかった。

採集したディディモセラスをクリーニングしていくと、塔状の巻き方向には、右巻きと左巻きの両方があることや、最初だけ塔状に巻いて、後は平面に巻くタイプなど、個体によるちがいがかなりあることに気がついた。

これが、雌雄《しゆう》によるちがいなのか、種《しゅ》がちがうのかまではわからない。

このディディモセラスより不思議な形状を

復元図

**異形巻アンモナイト、ディディモセラス・アワジエンゼ**

海岸の転石ノジュールから採集。塔状部のみの標本。最上部はさらに鋭角に巻き上がる［兵庫県西淡町（淡路島）大場海岸　白亜紀カンパニアン　直径12cm］

しているのが、**プラビトセラス・シグモイダーレ**だ。

世界中でも、木場海岸の一部や、同じ西淡町の仲野や湊、そして対岸の四国鳴門の一部でしか見つからないアンモナイト＊で、平面巻の螺環《らかん》が、住房部で逆方向にS字にふれて、まるで？マークのような形になる、異形《いぎょう》のアンモナイトだ。白亜紀末に出現した、**超個性派**といえる。

このアンモナイト化石は、数は多く見つかるものの、地層内での風化が激しく、完全な形で採り上げるのは至難の技であった。それ故、**幻のアンモナイト**と呼ばれている。

湊地区の海岸にはこの**プラビトセラスを多産する地層**があった。この産地も木場海岸と

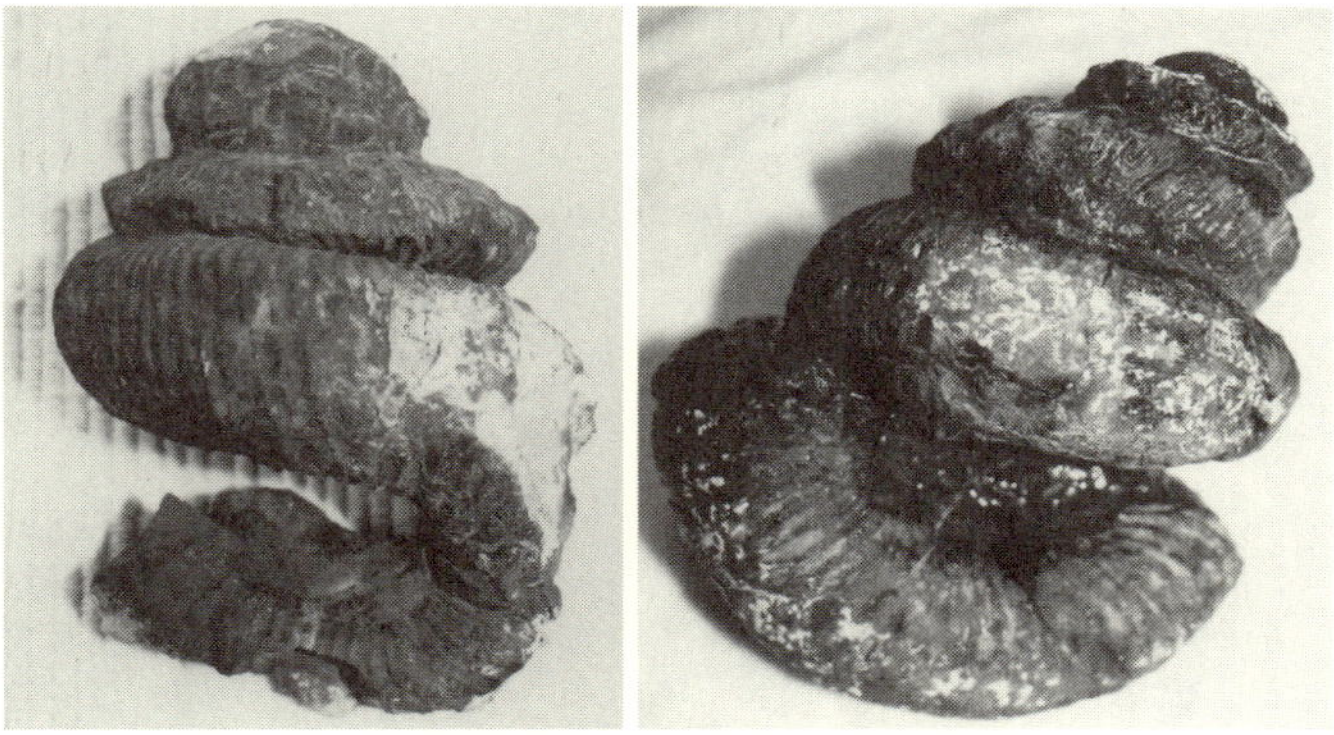

**ディディモセラス・アワジエンゼ**

左：塔状部が左巻き型（長径15cm）、右：塔状部が右巻き型（長径14cm）。海岸の転石ノジュールから採集［兵庫県西淡町（淡路島）木場海岸　白亜紀カンパニアン］



＊2005年、北海道でも発見された。

同じく、干潮時に現れる地層から化石を探す。

木場海岸のディディモセラスとちがうのは、化石がもろいため、岩盤ごと地層から化石を剝《は》ぎ取らなくてはならないことだ。

岩盤を崩《くず》すと、**面白いように化石が飛び出してきた。**

乾燥《かんそう》すると化石がすぐボロボロに風化してしまうため、急いで樹脂《じゅし》を表面にぬって風化を止める。そして地層ごと剝ぎ取る。

そのうえ、急いで作業しないと潮が満ちてくるのだ。

この現場では、5〜6個の完全体を得ることができた。そのうち数個は、海外への採集旅行の軍資金として売却した。

湊の産地は現在、テトラポッドが入り、採

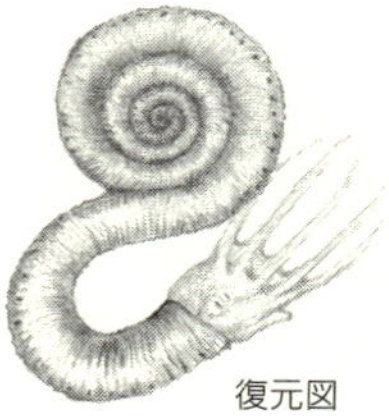

復元図

**プラビトセラス・シグモイダーレ**

ニッポニテスと並んで日本を代表する異形巻アンモナイト。海岸に露出する地層中のノジュールから採集。住房部がS字に曲がり、まるで？マークのような形状になる。巻き始めは塔状に巻き上がる［兵庫県西淡町（淡路島）湊 白亜紀カンパニアン　長径26cm］

集できなくなってしまった。

淡路島からは、もうひとつ有名な異形巻アンモナイトが出る。**ノストセラス・ヘトナイエンゼ**だ。

ディディモセラスをこぶりにしたようなこの愛らしいアンモナイトは、白亜紀でもディディモセラスやプラビトセラスより、少し時代が新しい。

兵庫県洲本《すもと》市由良《ゆら》町《ちょう》で採れるこのアンモナイトは、北海道穂別《ほべつ》からも同様の種類が産出し、両地の関連性が指摘されている。

淡路島で採集できるのは、異形巻アンモナイトばかりではない。

**ノストセラス・ヘトナイエンゼ**
ディディモセラスに似ているが、よりこぶりで塔状部の巻数が少なく、住房部が大きい。この標本では裏面に顎器が残り、住房の口辺りにステッキ状のアンモナイト、ゾレノセラスがついている［兵庫県洲本市（淡路島）由良町内田　白亜紀マーストリヒシアン　長径11cm］

当時、鳴門大橋開通にともなって、淡路縦貫道の工事があちこちでにぎやかに進められていた。当然、化石をふくむ地層も工事の対象となっていた。

志知《しち》奥《おく》や緑町といった産地は、この時に保存状態のすばらしい正常巻のアンモナイト（**パキディスカス・アワジエンシス**）を産出した。

黒褐色のノジュールの中から、**まるでヒマラヤのアンモナイトを想《おも》わせる姿**で出てきたのを目の当たりにして、興奮した。正直、こんな化石が北海道以外でも出るのかと思った。

このころ、各地から化石採集の猛者《もさ》たちが、淡路島に集結して、アンモナイトの争奪戦《そうだつせん》をくり広げていた。

**パキディスカス・アワジエンシス**

ノジュール中から産出した保存状態の非常によい標本。淡路縦貫道の工事の際にまとまって産出した。最大長径は30cmほどにもなる［兵庫県洲本市長田（淡路島緑町）　白亜紀カンパニアン　右：長径10cm］

当時、高校生だった僕は、週末に皆さんの落ち穂を拾うよりほかなかった。人によっては休みを取り、重機の後を探していたようである。

京都の大学に進学してからも、淡路島通いを止めることはなかった。淡路縦貫道の工事と、それに関連する工事が、その後もしばらく続いたからだ。

緑町の縦貫道沿いにグラウンド施設を作るために、パキディスカスをふくむ地層を大規模に崩すという情報を得た。自衛隊が町から委託を受けて、重機で小山ひとつ、平地にならすという大工事が始まった。

気楽な大学生という身分を最大限に生かし

淡路島緑町の淡路縦貫道の工事現場（1986年ごろ）

て、採集現場に張りついた。

近くに町営の温泉施設もあり、そこを常宿として、工事が止まる昼休みと夕刻、早朝に現場に入った。

真っ黒の泥岩が辺り一面に広がり、**化石の匂いがプンプンした。**

大型のブルトーザーが崩した岩体を、一個一個ていねいに見ていくと、人頭大のノジュールにアンモナイトが背中をつき出して入っていたりした。

パキディスカス・アワジエンシスは、最大で30センチほどになる中型のアンモナイトで、緑町の現場からは、工事の規模に比例してかなりの数が出てきた。

それこそ、密集層に当たると、**ノジュールを見つければほとんどにアンモナイトが入っている**という状態だった。

この産地からは、太古の海テチス海との関係性が指摘される、リビコセラスという大変めずらしいアンモナイトや、それ以外にも、ヤーディアと呼ばれる両殻《りょうかく》そろった大型の三角貝の仲間の化石やイノセラムスの仲間の化石、脊椎《せきつい》動物としては、スッポンの仲間の甲《こう》羅《ら》、翼竜《よくりゅう》の仲間、など大変多彩な化石が産出している。

当然、この工事でも、**大勢の化石ハンターが集結**して、現場に群がった。

人によっては、夜中に懐中《かいちゅう》電灯《でんとう》の明かりで化石を探した猛者もいたようである。しかし体験上、懐中電灯下の採集は、影《かげ》がじゃまになり、なかなかうまく見つからない。やはり日中の作業がベストである。

学生で時間がたっぷりあり、皆が集まる前に現地入りできたことなどから、運よく、多数のアンモナイトを緑町の産地で得ることができた。

**くやまれる**のは、当時の僕は、脊椎動物に関する知識が乏《とぼ》しかったことだ。

現場でノジュールを割ると、時々、骨化石が入っていることがあった。

今、考えると、大型の亀か、モササウルス類の骨だったと思うのだが、岩との分離が悪

**イノセラムス・クニミエンシス**

クニミエンシスのタイプ標本*は、四国四万十層群有関層産のもので、九州からも天草下島から産出している。産出はまれ［兵庫県洲本市長田（淡路島緑町）　白亜紀カンパニアン　ノジュール直径25cm］

＊タイプ標本とは、新種記載した標本のこと。

そうなので、さほど気にもとめずに捨てていたのだ。

また、小割りしてよく観察していけば、サメの歯など、小さな化石も見つけられたはずだ。興味と体験が嚙《か》み合えば、より広い成果が得られたはずだった。

さしずめ、当時の僕は、**アンモナイトの眼**しかもちあわせていなかった、ということだ。


淡路島にはほかにも、大型のエビや小型のアンモナイトを礫質《れきしつ》の砂岩から産出する知野《ちの》や、パキディスカス・アワジエンシスより大きくなるパキディスカスの仲間を産出する山本や黒岩といった産地がある。

また、前述した異形巻アンモナイトのノストセラスを産出する洲本市由良町からは、2005年にカモノハシ竜の仲間の顎骨《あごぼね》をふくむ骨格の一部が発見されている。

今後も、各種の工事にともなって、淡路島から新しい化石の産地が発見される可能性は高い。

すでに、現在までに採集されている化石から、白亜紀最後の時代の生物相がかなり明らかになりつつある。それもアマチュアの化石ハンターたちの発見の積み重ねの結果である。

淡路島では、これからも大発見が続くにちがいない。

### これだけはそろえよう！

# 採集道具

新聞紙
こわれないように
化石を包む
マジック
化石に産地、
採集日付を記入
クリノメーター
地層の傾きを知る
地形図
産地までの
地形を確認する
ルーペ
小さな化石を
探す際必要
げんのう
タガネを打ち
こむ時に使う
フィールドノート
化石の産出状況や
産地情報をメモする
ハンマー
ハンターの銃と同
じで、これがない
と化石は採れない
タガネ
地層から化石を
剝ぎ取る時に便利

# 化石採集の装備・服装

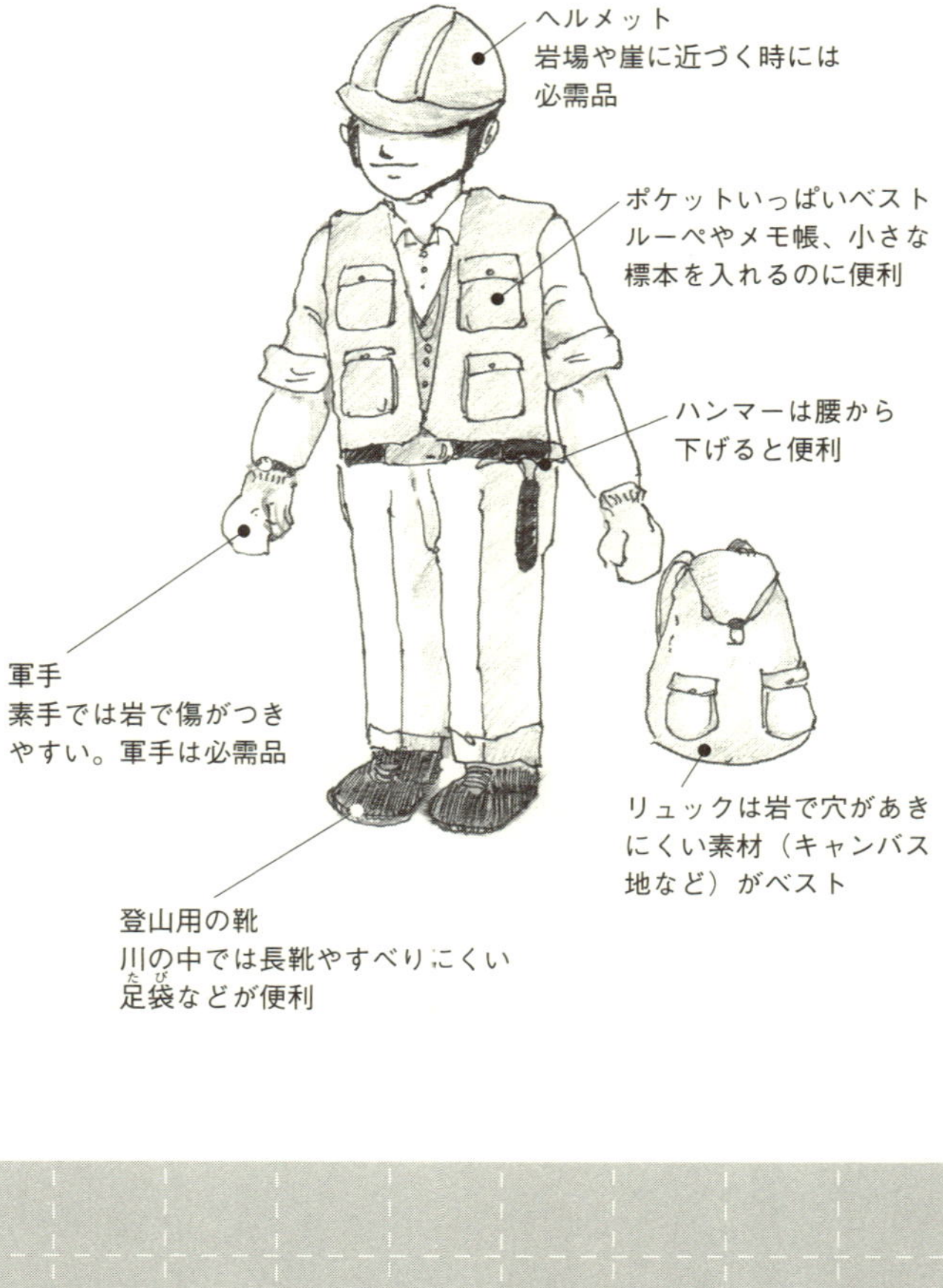
ヘルメット
岩場や崖に近づく時には
必需品
ポケットいっぱいベスト
ルーペやメモ帳、小さな
標本を入れるのに便利
ハンマーは腰から
下げると便利
軍手
素手では岩で傷がつき
やすい。軍手は必需品
リュックは岩で穴があき
にくい素材（キャンバス
地など）がベスト
登山用の靴
川の中では長靴やすべりにくい
足袋《たび》などが便利

# 化石修行の学生時代

フジオカツノクリガニの化石
[三重県安芸郡美里村　新生代中新世　直径6cm]

京都で過ごした大学4年間、僕は益富《ますとみ》地学会館*に、週末ごとに通っていた。

そこには、化石・鉱物に関するさまざまな情報と資料、そして何より現物があった。

会館の学芸員の方たちには実によくしていただき、標本を手に取らせていただく機会を得た。

また、全国から石のマニアが集ってきて、週末そこにいるだけで、全国の化石・鉱物の情報を知ることができるのも魅力《みりょく》だった。


もう一カ所、石を知る場だったのが、衣笠《きぬがさ》山の麓《ふもと》、大学と下宿にほど近い場所にあった、鉱物・化石を扱う卸《おろし》商、大江理工社**だ。

貧乏学生ゆえ立派な化石や鉱物を買うお金などあるはずもなく、ただ標本が見たい一心でお店に入りびたっていた。

そのうち、化石の整理やクリーニングの技術を買われて、アルバイトさせていただくことになった。

日本はもとより、世界中から、めずらしい化石や鉱物が次々と入荷され、全国のコレクターたちの手に渡っていく。

*京都市上京区出水通り烏丸西入る　TEL：075-441-3280　http://www.masutomi.or.jp/
**京都市右京区常盤山下町1-110　TEL：075-873-5520　http://oherikosha.ld.infoseek.co.jp/

恐竜の骨化石やアンモナイトなど、子ども時代に図鑑でしか見たことがない、海外の化石の現物にふれることのできる、とても幸せなバイトだった。

また、サンゴや腕足貝《わんそくがい》など、通好みの標本も多数仕入れられており、海外からの化石の入荷日には、荷を開けるのがなによりの愉しみだった。

アメリカ・ツーソンやドイツ・ミュンヘンでのミネラルショーへ、大江理工社のメンバーとして同行させていただいたこともある。

特に、ツーソンのミネラルショーは圧巻だった。

アメリカ・アリゾナ州の砂漠《さばく》の中にあるツ

**アメリカ・ツーソンでのミネラルショーの風景**

何千という化石商が世界中から集まる。宝石、化石、
鉱物、ほとんどの石はここで手に入れることができる

ーソンはよく西部劇のロケ地となる田舎町だが、年に一度開かれるミネラルショーの時には、町全体が石の博物館になる。
ちょうど有名なティラノサウルス（通称スー）が発見されたころで、業者の間では大きな話題になっていた。
ホテルやモーテルの各個室に、全世界から集った化石・鉱物・宝石のバイヤーたちが臨時の店を構えており、驚くような値段で標本が次々と売買されていくのを目の当たりにした。

**恐竜が一体数千万円！**

貧乏学生の僕には現実感がなく、でも国際的には、石が商売としてしっかりと確立されていて、それを支えるコレクターがこんなにも大勢いるのだなと実感した。

そのころ日本でも、東京、大阪、京都でミネラルショーが開催されるようになり、少しずつではあるが、年々、石を愛する人たちが増えており市民権を得つつある。

だが、化石も鉱物も、自分の手で採集したものが思い出とともに愛着もひとしおとなるのはいうまでもない。

学生時代はあっという間に過ぎていき、大阪にある会社に就職した。会社の寮から満員バスにゆられて、早朝から出勤する毎日が始まった。

寮では先輩と二人部屋で、とても化石にひたれる環境ではなかった。それでも、はじめて車を購入するなど、行動範囲は飛躍《ひやく》的に広

**ツーソン郊外のネイティブ・アメリカンの集落**

ここでは、貴石、ペリドットが採れる

くなった。

そして何よりも、日本全国への出張の機会があった！

出張の際には、土曜日や日曜日にその地の化石産地を訪れたりした。

特に、担当していた東北では、福島県いわき市の白亜紀化石、宮城県亘理《わたり》町の巨大ザメの歯化石、岩手県久慈《くじ》市の琥珀《こはく》など、コレクションを増やすことができた。

# なんと四国最古の<br>サメの歯化石だった！

**愛媛県西《せい》予《よ》市（旧城川町）魚成《うおなり》田《た》穂《お》上組《かみぐみ》**

三畳紀石灰岩の小さな山があり、これが保護されているアンモナイト産地。現在は採集できない。柵に囲まれた露頭でアンモナイトの断面が観察できる。

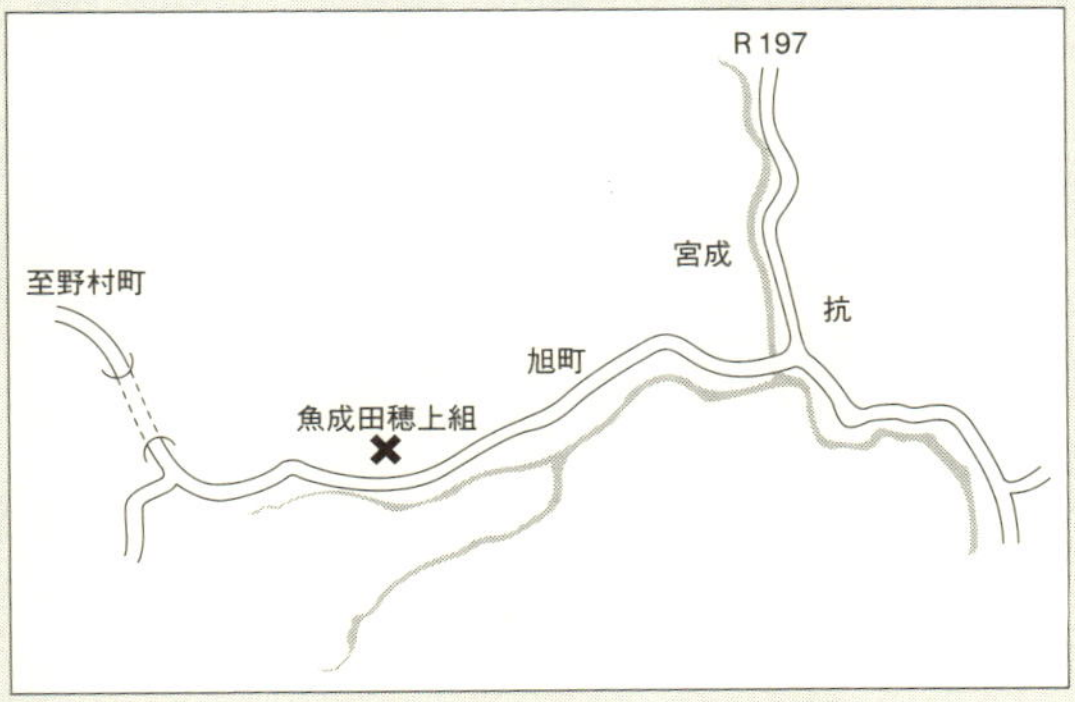

実家が愛媛県で、帰省の際、時々訪れた産地のひとつが城川町（現、西予市）魚成田穂上組の三畳紀石灰岩の産地だ。

ここの石灰岩の中からは、セラタイト型という古いタイプのアンモナイトが出ることで有名だ。

よく知られているミーコセラスやアナシビリテスをふくむ露頭は柵《さく》が設けられ、近寄ることはできないが、その周辺の露頭や転石から、わずかに標本を得ることができる。

灰色の石灰岩を割り欠いて、息を吹きかけて湿《しめ》らせてみると、アンモナイトの断面が入っていたりした。時々、密集してアンモナイトが入っている部位があり、持ち帰ってから、手刀でていねいにクリーニングしてみると折

**愛媛県西予市魚成田穂上組の三畳紀石灰岩の山**

手前の民家の左側が、保存されているアンモナイトをふくむ露頭

り重なるように小さいアンモナイトが入っていたこともある。

この標本に気をよくして、さらに大きい標本を得ようと、再訪し石灰岩に取りついた。雑草の中に、石灰岩の岩体がつき出しているのが妙に気になり、割り欠いてみた。3センチほどのアンモナイトを複数ふくむ岩だったのだが、表面に出ていたのは、岩体のほんの一角で、土中に本体がかくれていた。

**悪戦苦闘して母岩を掘《ほ》り出した**。

残念なことにアンモナイトをふくむ部位は露出していた部分のみで、母岩には続いてはいなかった。

かなり大きな母岩なので、そのままでは持

**石灰岩中に密集してアンモナイトが入っている**

手刀で岩中から削り出したもの。アナシビリテスなど数種が混在している。この種類のアンモナイトは、ヒマラヤ、ティモール、北米、シベリア、中国など世界中に広く分布している［愛媛県西予市魚成田穂上組　三畳紀トリアス紀前期］

ち帰ることができない。仕方なくアンモナイトをふくむ部分だけはずした。しかし残りの母岩も念のため小割りにしてみた。

　すると、割り欠いた岩の断面に、5ミリほどの**黒褐色に輝くエナメル質**のものがあった。灰色の石灰岩をバックに、その黒褐色のものはやけに目立って見えた。

　持ち帰ってクリーニングしてみると、何者かの歯のように思えた。

　サメの歯化石研究会＊を主宰《しゅさい》している知人に写真を送ったところ、どうやら大変めずらしいサメの歯のようである。

　よりくわしい調査のため、鶴見大学の後藤仁敏博士をご紹介いただき、早速、標本を送付した。

**石灰岩を割り欠いたその断面に**
**アンモナイトの側面が露出している**

この地で最も産出量が多いアンモナイトのひとつ、アナシビリテス［愛媛県西予市魚成田穂上組　三畳紀スキテイック］

＊サメの歯化石研究会　代表：田中猛
E-mail：sharktooth@vega.ocn.ne.jp　http://www17.ocn.ne.jp/~serra/

## なんと四国最古のサメの歯化石だった！

後日、この標本は板鰓《ばんさい》類というサメの仲間で、ヒポドゥス類のポリアクロダス・ミニムスの歯の化石らしいことがわかった。

そして、なんと**四国最古のサメの歯化石**だったのだ！

この化石についてはその後も、よりくわしい研究が進められている。

田穂の石灰岩は、遠い昔、南の火山島の周りに発達した礁《しょう》（ラグーン）であると考えられている。当時の暖かい海に、アンモナイトやサメが泳いでいたと考えると、おおいにロマンをかき立てられる。

小さい化石にも、大いなる情報がふくまれると痛感させられる一件だった。

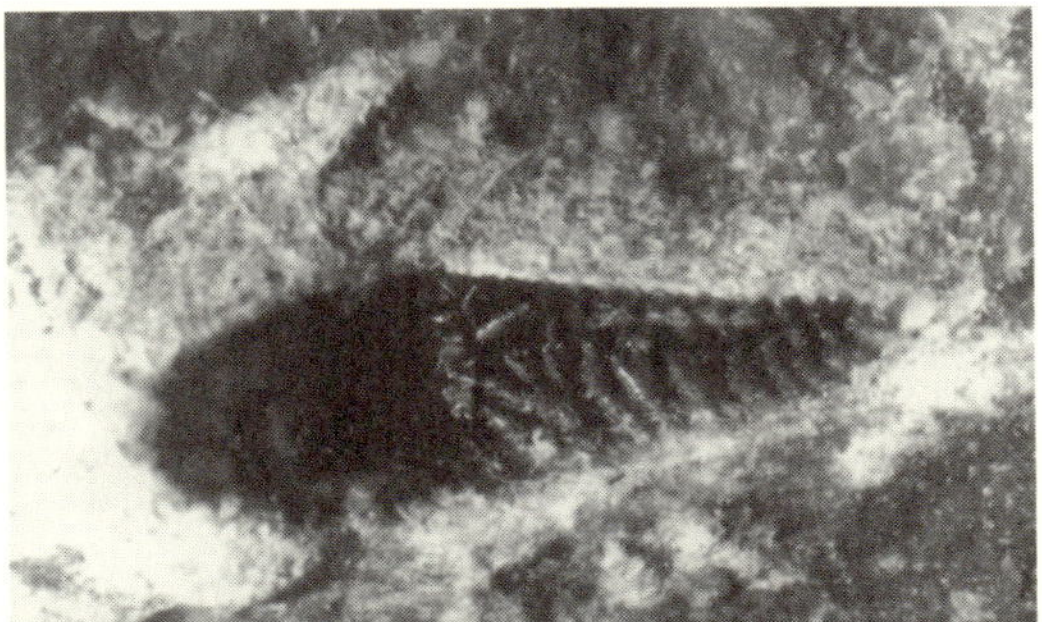

**四国最古のサメの歯化石**

アンモナイトをふくむ石灰岩から産出。にぶく黒光りするエナメル質が特徴。咬合面がはっきり見える。板鰓類の仲間［ポリアクロダス・ミニムス　愛媛県西予市魚成田穂上組　三畳紀前期］

# 化石採集のコツ

化石採集は地質や古生物の形態などの専門的な勉強もさることながら、現生の自然の観察や生物の生態を知っているほうが、ねらった獲物をより得やすくなる可能性があります。

エサになる生物がいれば、それをねらう生物がいる。オスがいればメスや子どもがいる、と考えるのは普通です。

産地をよく知っていけば、ある種の貝が出れば恐竜が出る可能性がある、などの方程式が見えてきます。これは堆積中にほぼ同じ比重のため近くで化石になっていたり、生息環境が近いことを意味します。

ひとつ化石を見つければ、少なくともその何倍もの化石がその周辺にあるはずです。

目を皿にして探してみましょう。

## 宇都宮流化石採集の極意3箇条

### ①人が見ないところにこそ化石あり

たとえば、川の中の産地であれば、あえて川の中を見ない。両岸を見るべし。

### ②常にベストの体調で臨むべし

常に冷静にものを見る目が必要です。無理して強行軍で遠地に行って、時間を気にしながら採集してもよいものは採れません。最低でも3回は同じ産地を訪れるべきです。4回目からようやく産地全体の状況が見えてくるはずです。

### ③宝は足もとにあり

宝が足もとにあっても、見る目がなければただの石ころです。常に何が宝かを知るための努力をおこたるべからず。

# 実はめずらしいアンモナイトが採れる場所

## 愛媛県宇和島市《うわじまし》保手《ほて》

宇和島市内の小高い住宅地。1960年代半ばの開発によって切り崩された露頭で化石を産する。崩れやすいので崖に近づく時には要注意。ノジュール中から中型のアンモナイトが主に出る。昔から有名な産地、古城山は川をはさんだ対岸にある。

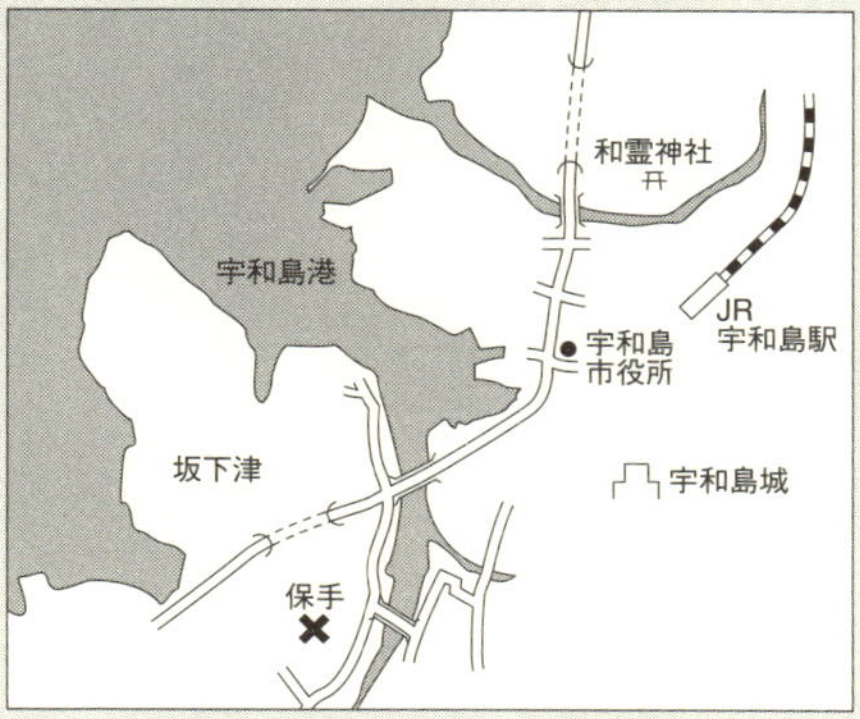

**愛媛県宇和島市保手**
**白亜紀コニアシアンの露頭**

ノジュール中からアンモナイトを多産する。1960年代半ばの
宅地開発時が最盛期の産地

帰省の際、採集によく通ったもうひとつの産地が宇和島だ。

宇和島は、宇和島伊達《だて》藩の城下町で、宇和海を望む明るく開けた町である。闘牛《とうぎゅう》でも有名だ。

この宇和島一帯にも、中生代白亜紀の地層が広く分布している。

四万十《しまんと》累層《るいそう》に属するこの地層は、１９２０年代から地質学者によって研究されてきた。

特に、古城山《ふるしろやま》や保手という有名な化石産地は、白亜紀のコニアシアンという時代を示すアンモナイトや二枚貝、植物、甲殻《こうかく》類が知られており、北海道や福島県いわき市周辺に分布する双葉《ふたば》層群との興味深い対比ができる。

**宇和島の名を冠するイノセラムス**

頂角が鋭く、双葉層群や北海道各地、九州の白亜紀コニアシアンの地層から産出する［イノセラムス・ウワジメンシス　愛媛県宇和島市保手　白亜紀コニアシアン下部　長径9cm］

しかし、僕が採集を始めたころは、古城山は個人所有で立ち入り禁止、宅地として開発されていた保手もほとんど住宅が建ち並び、わずかに残された露頭から化石を探すしかなかった。

多くのコレクターは、宇和島の化石は風化の進んだボロボロのもの、というイメージをもっていたが、保手の露頭からは、かなりしっかりしたノジュールが産出した。

人頭大ほどのノジュールから、アンモナイト（アナゴードリセラス）の住房がつき出た標本を比較的簡単に採集できたりしたのだ。

クリーニングを進めると、ダメシテス、フォレステリア、スカフィテス、ボストリコセ

**アンモナイト**

ノジュールから産出した保存のよい標本。左側に見えているのはイノセラムス・ウワジメンシスと巻き貝の化石［アナゴードリセラス・リマタム　愛媛県宇和島市保手　白亜紀コニアシアン下部　ノジュール長径15cm］

ラスなど、これまでこの産地では**あまり報告されていない、さまざまなアンモナイトが出てきた**。

より深く調べていけば、国内では北海道以外では知られていないニッポニテスを採集するのも夢ではないと感じている。

宇和島産出のノジュールからは、まれにサメ類の椎骨《ついこつ》*や歯も出てくる。

今後、**恐竜もふくむ大型爬虫《はちゅう》類の化石が出る可能性**がある有望な産地が宇和島だろう、と密かに思っている。

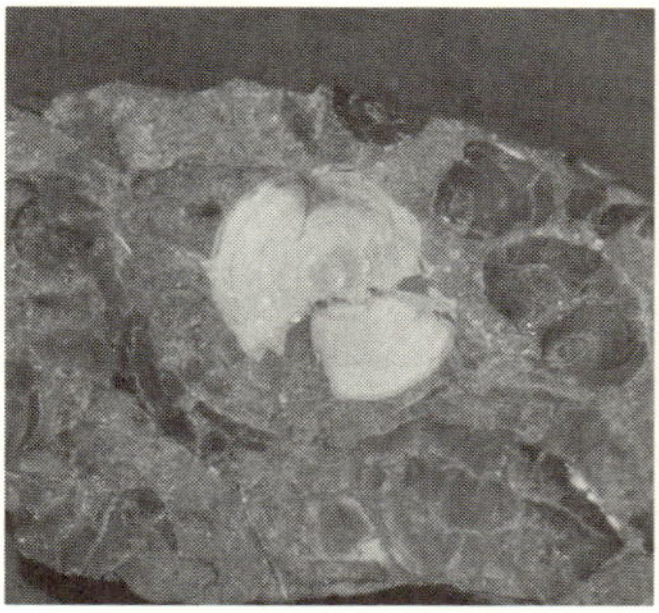

**サメの背骨の化石**

イノセラムスをふくむノジュールから複数産出した。椎骨からの種名判断は難しい［愛媛県宇和島市保手　白亜紀コニアシアン下部　長径4cm］

**アンモナイト**

まるでタツノオトシゴのような形をした異形巻アンモナイト。小さいが愛らしい標本［スカフィテスの仲間　愛媛県宇和島市保手　白亜紀コニアシアン下部　長径3cm］

＊背骨のこと。サメ類の背骨は鼓《つづみ》状で両側が凹んでいる。

# 化石採集の注意点

化石採集の現場は、山中や海岸、河川、崖など、時として自然の脅威《きょうい》が牙をむく可能性のある場所が多くあります。

大丈夫、行けるだろうと過信する心が大きな事故につながることがあります。

つい化石に夢中になり、判断がにぶった時こそ危険です。

常に安全第一を心がけましょう。

子どもづれの時には、採集よりも常に子どもの動きに目をやる温かい心配りが必要です。

小さな子どもや初心者と行く場合、波のおだやかで転石が拾える海岸など、比較的安全な産地を選びましょう。

逆に危険な産地（山中や崖）に行く場合は、必ず経験のある同行者が必要です。

まさか、という事故はいつ起こるかわかりません。

## 特に注意すべきこと

●山中の河川での増水は、あっという間に濁流と化します。
●太平洋沿岸の海岸は高潮に注意。波の動きをよく見ましょう。
●崖は崩れて当たり前。常に頭上に注意すること。

# 念願の<br>ニッポニテス！

## 北海道芦別《あしべつ》市幌子《ほろこ》芦別《あしべつ》川

北海道中部特有の真っ黒な白亜紀泥岩より、ニッポニテスを中心とするアンモナイトやエビ化石を産出する。

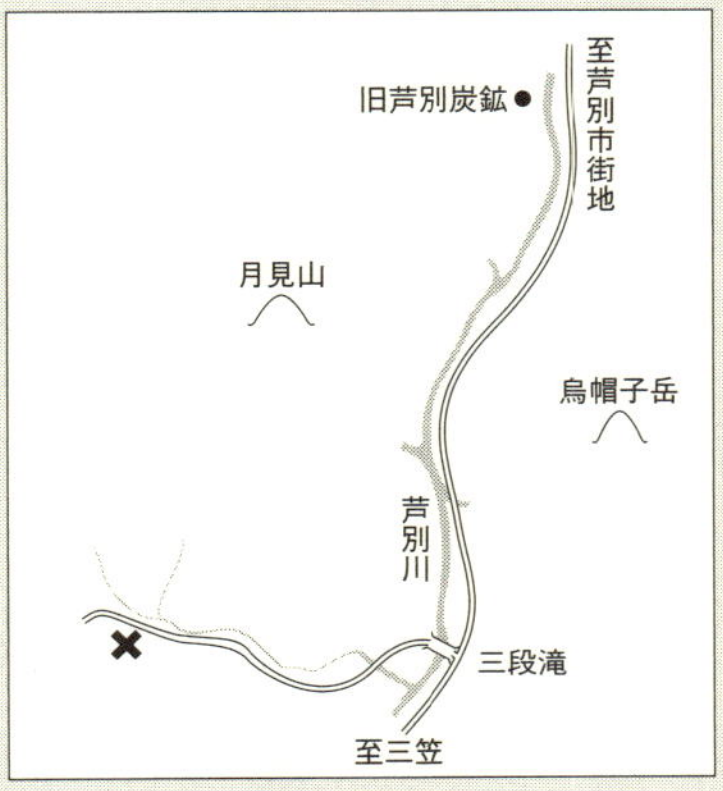

**北海道の主な化石産地**

1993年の春、上司から「北海道でプロジェクトがあるので、君、参加してくれないか」という話があった。

普通なら二の足を踏《ふ》むところであるが、僕は小躍《おど》りしていた。

なぜって、**北海道は世界的なアンモナイトの産地**であり、コレクターならぜひ一度は訪れたい土地だったからだ。

**一も二もなく北海道行きを快諾した。**

4月から、ススキノにほど近いマンションで札幌生活が始まった。

北海道の白亜紀化石を大量にふくむ地層は、北海道を南北に貫くように広域に分布し、北は宗谷《そうや》、稚内《わっかない》から中川、小平《おびら》、三笠、夕張《ゆうばり》、穂別《ほべつ》、浦河《うらかわ》と有名産地が続く。

5月の連休ごろ、おそい桜前線がやっと北海道まで北上し、化石産地をおおっていた深雪がとけ出して、すさまじい増水になり、白亜紀化石層を洗い流す。その際に、化石をふくむ**ノジュールが大量に露出**するのだ。

北海道が世界的な産地であるのには、この増水と密接な関係がある。

札幌から車で約1時間ほどで、三笠や夕張といった有名な産地に行くことができる。

三笠には、国内有数のアンモナイトを有する三笠市立博物館*がある。何度、足を運んでもその圧倒的な、アンモナイトの数と質には感動を覚える。

**芦別川の雪どけ水による増水の様子**

すさまじい水流が地層から大量のノジュールをえぐり出す



＊三笠市幾春別錦町1-212-1　TEL：01267-6-7545

５００を超えるといわれる、北海道から産出するアンモナイトの種類の中で、特に僕が興味をもったのは、白亜紀のセノマニアンという時代の三笠産出のシャーペイセラス・コンゴウとプゾシア・タモン（アルビアン）の強い突起《とっき》。コンゴウは金剛神《こんごうしん》、タモンは多《た》聞神《もんしん》という仏教神の名を種名としている。

この標本は、アンモナイト標本としては国宝のようなものだから、ねらって採れるものでもない。

でも、北海道にいる間に、日本の名前を冠する異形巻アンモナイトの**ニッポニテスとメートル級の大型アンモナイトを手中に収めるぞ、と心に決めた。**

**はじめてニッポニテスを採集した時の様子**

ノジュールの外側いっぱいにニッポニテス特有のU字ターンが見える［北海道芦別三段滝奥　白亜紀チューロニアン］

ニッポニテスは、1904年に論文発表され、そのあまりの奇妙な形状から奇形ではないか？とさえ論議されたアンモナイトだ。産出もまれで、学生時代に訪れた大英博物館の自然史館でも、展示されているニッポニテス標本はレプリカだった。

一見、異常にも見えるこのアンモナイトの形態は、当時の環境に適応するために高度に発達したものだ。

異形巻アンモナイトとしては、**西の横綱を淡路島産のプラビトセラス**とすると、**ニッポニテスは東の横綱**ともいうべき存在で、コレクターとしてはぜひ手元に置きたいアンモナイトのひとつだ。

**日本を代表する異形巻アンモナイトの王様**

規則的に三次元でU字ターンをくり返す。種名のミラビリスはラテン語で“おどろくべき”“すばらしい”という意味がある。ゆるく巻きがほどけたバッカス、オキデンタリスなどの種類もある、非常に魅力的なアンモナイトだ。アンモナイトコレクターなら、一度は採集したいアンモナイトのひとつ［ニッポニテス・ミラビリス　北海道小平町上記念別沢　白亜紀チューロニアン　長径7cm］

5月の連休を待って、化石採集《ストーンハンティング》をスタートした。

しかし、さすがにヒグマが多い山中に一人で入山するのは気がひける。万が一の時のことを考えて、知人に紹介されたパートナー、松本君と行動をともにすることにした。


最初に入山したのは、幌子芦別、三段滝奥のチューロニアンの露頭。

ここは大学時代一度入山したことがあり、一緒に行ったメンバーの一人が大変立派なニッポニテスを採った場所だ。ぜひ再訪したいと願っていた。

三段滝は、雪どけの増水で、濁流《だくりゅう》がすさまじい勢いで流れていた。川筋に沿って林道を

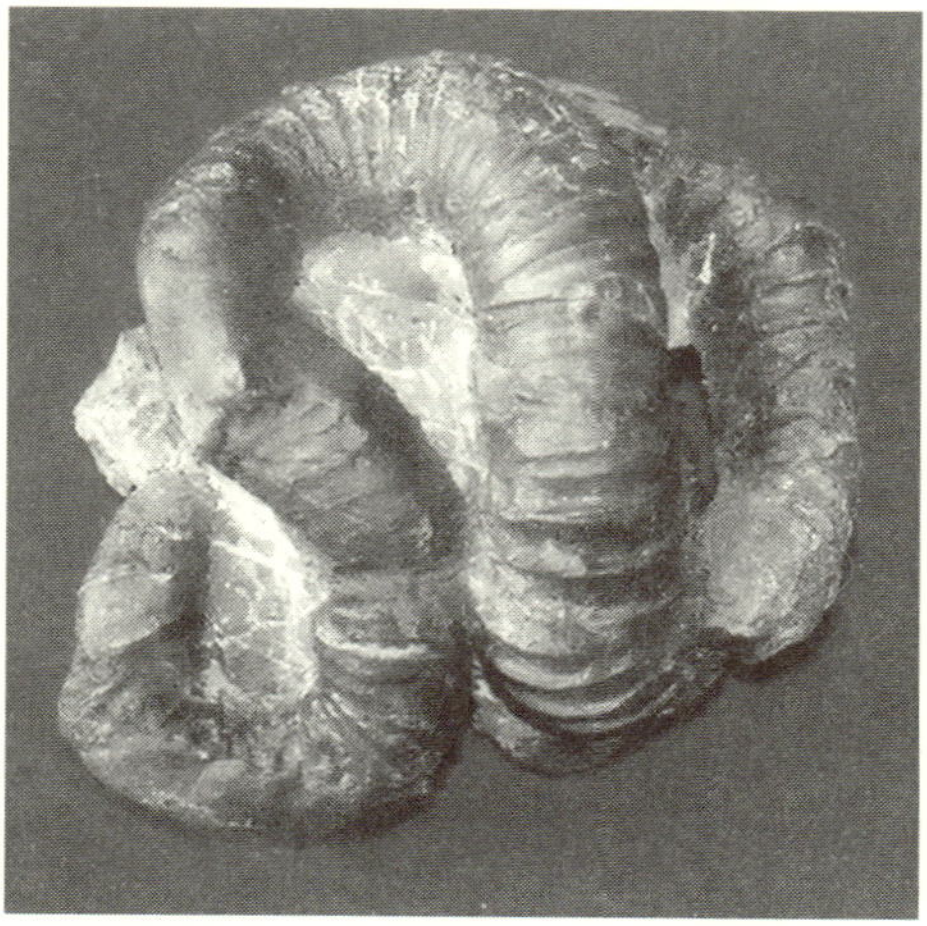

**はじめて採集したニッポニテス**
かなり変形しているものの、U字ターンのくり返しが確認できる。ゆる巻きタイプ［北海道芦別三段滝奥　白亜紀チューロニアン　長径6cm］

進み、見覚えのあるチューロニアンの露頭に着いた。

幸運なことに、雪の重みで所どころ、崖《がけ》が崩《くず》れていて、産地コンディションとしてはベストの状態だった。急いで身支度を整えると、すぐに崖に取りついた。

真っ黒な泥岩《でいがん》を割り欠いていくと、30分もしないうちに、楕《だ》円形のにぎりこぶし大のノジュールが出てきた。

そばの水たまりで洗ってみると、ノジュールの表面いっぱいに、**アンモナイト特有の筋が浮き出**ていて、その筋の感じと、くり返して現れるU字型のターンの特徴から、ニッポニテスであることが確認できた。

意外にあっさり出てきたので、いささか拍《ひょう》

**ハコエビの仲間**

現生のハコエビの仲間で、ほとんど形状は変わらない。北海道各地の白亜紀層や和泉層群ほかから産出する。ノジュールの核として脚まで残された保存のよい標本だ［リヌパヌス・ジャポニカス　北海道芦別三段滝奥　白亜紀チューロニアン　長径16cm］

子《し》ぬけしたが、**念願のアンモナイト、ゲット**だ。

二人ともこの発見で発奮して、岩を割りまくった、のだが………続けてニッポニテスが出ることはなかった。まさにビギナーズラックである。

この崖からは後日、リヌパヌスという、現生のハコエビの仲間の化石も採ることができた。

アンモナイトがふくまれる頭足類は、エビを大変好んで食べるという。

中生代の海で、ハコエビをニッポニテスが襲《おそ》う姿を想い描いた。

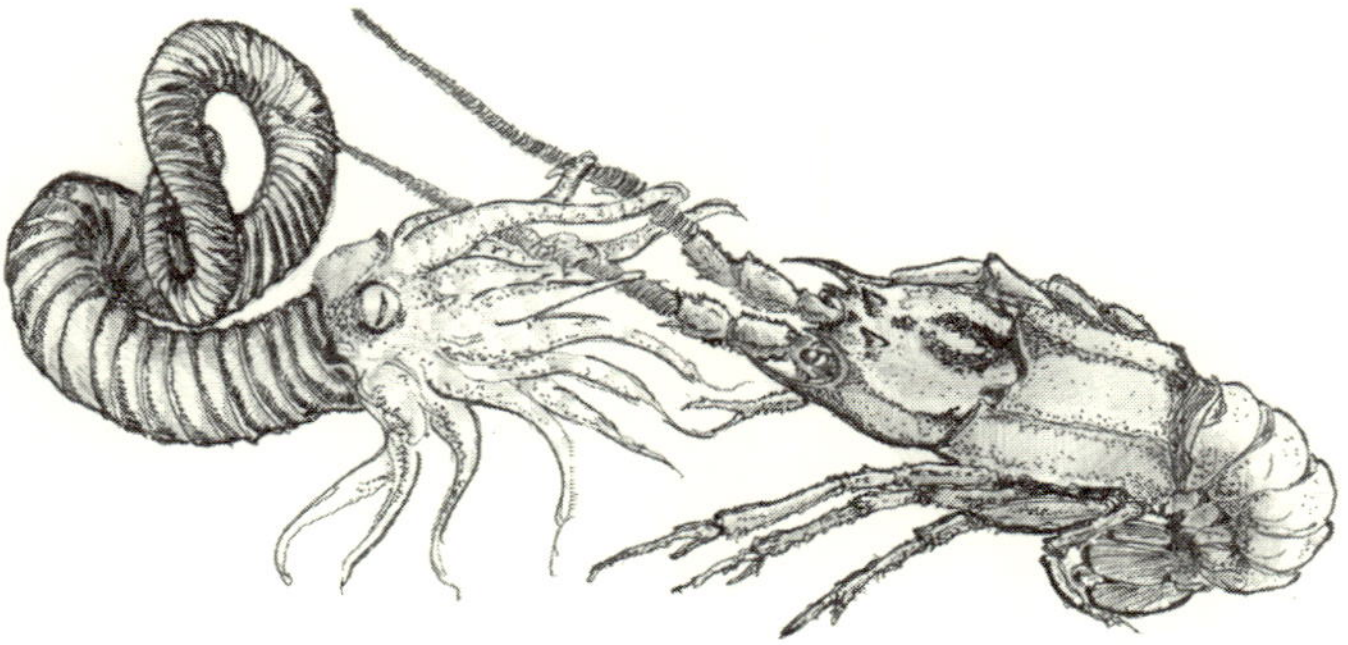

**ハコエビを襲うニッポニテス**

芦別三段滝奥で採集した化石から、白亜紀当時の海底を想像してみた

# 日本最大級のアンモナイトだ！

## 北海道夕張《ゆうばり》市白金沢《はっきんざわ》

昔から流域から大型のアンモナイトを産することで有名。河原の岩盤から砂白金（イリドスミン）も産する。その他、夕張の名を冠するアンモナイト、ユーバリセラスも多く見られる。化石採集の初心者でも楽しめる。

札幌から、三笠の次に近い産地が、夕張だ。学生時代に入山し、化石採集や砂金採りをしたことがある白金沢に、もう一度入ってみることにした。

営林署で入山届を出し、入山ゲートをくぐり、未舗装《ほそう》の林道をひたすら奥に入っていく。雪どけの出水で、いたる所で路肩《ろかた》が崩《くず》れたり、樹木が倒れたりしていた。

**辺り一面、白亜紀の泥岩《でいがん》層で、化石の匂いがプンプンする**。

白金橋で車を止め、河原に下りた。この周辺の泥岩の割れ目にたまった砂を椀《わん》がけ*すると、少量の砂白金が採れる。

また、周りの崖《がけ》からは、夕張の地名を冠《かん》するユーバリセラスという厚い螺環《らかん》をもつ特徴

北海道夕張市白金沢

＊川底の砂を椀にとり、ゆっくり川の中でゆすり比重の重い金や鉱物を最後に残す鉱物の採集方法。パンニングともいう。

的なアンモナイトや、大型のアンモナイト（もっぱら破片だが）が採れる。

四国や淡路島の産地と比べると、**すべての面でスケールが大きい**。

大型の二枚貝（イノセラムス）も、**50センチ以上の化石が地層からひょっこり露出**していたりした。

しかし、この沢は有名産地であり、雪どけ直後にもかかわらず、すでに多くの人が分け入った形跡《けいせき》があり、ノジュールも割られていた。もっと奥地に入らねば大物は採れない。

幸運なことに、入山したころ、白金沢から嶺《みね》を越えた、隣のカネオペッ沢に通じる林道が開通したところだった。

奥に入るほど、路面は悪くなり、何度も車

**林道入り口**

北海道の林道は各営林署の管轄になっており、入山には事前に手続きが必要になる。入り口にはゲートが設けられている。くれぐれも熊には注意！

はスタックした。全身泥《どろ》だらけになりながら、車を水たまりから押し出し、さらに奥に進んだ。

常に左右の崖に、注意しながら車を進めた。**よく崖から化石が露出しているのだ**。

林道がカネオペッ沢にぶつかる所で、出水で林道が崩れ、完全に通れない状態になっていた。沢の両側にはクマザサがうっそうと茂っていた。松本君と二人だからこそ入れる山奥である。

うねうねと曲がる沢を歩いて下っていくと、河原の泥にべったりと大型の足あとがついていた。

**「熊だ！」**

二人で顔を見合わせた。

登別《のぼりべつ》のクマ牧場で間近でヒグマを観察したことがあるが、二本足で立ったその姿は優に2メートルを超え、腕をふり下ろした時の力は1トンにも及ぶという。人間の首などひとたまりもない。

通常、野生の動物は臆病《おくびょう》で、人の気配や匂いがしただけで逃げていくが、春先、子熊を連れていたりすると、防衛から、人間を襲《おそ》うケースもあるという。

僕たち二人は、完全にヒグマのテリトリーに入りこんでいた。

熊よけの鈴を携帯しておらず、仕方なく、持っていたハンマーをカチカチと鳴らしながら沢を下っていった。

熊が出てくるのでは、という怖さはありつつも、化石の魅力《みりょく》には勝てない。

カネオペツ沢の川底、特に川が蛇行《だこう》する場所には、多量のノジュールが転がっていたのだ。

片っ端からハンマーで割っていくと、てのひら大のアンモナイト（プゾシアの仲間）が次々と飛び出してきた。

まさに**北海道でのアンモナイトハンティングの醍醐味**である。

しばらく、化石を追いながら沢を下った。

以前、化石の大先輩から、

「**川の中だけでなく、すべての場所に目を配れ**」

と**採集の極意**を伝授されたことがあった。

ふと、その言葉を思い出して、目を川面から手前の崖に上げた。

3メートルほどの高さの所に、なにやら大型のノジュールらしきものが見える。崖に取りつき、ノジュールの所まで登ってみた。

そばまで来て**心がザワついた**。

ノジュールに見えたものは、どうもアンモナイトの殻《から》の一部に思えた。なにせ大きいので、なかなか確信がもてないのだ。

松本君と二人で周りの岩を崩してみた。

地層の中に埋まりこんでいるが、薄い殻の特徴から、アンモナイトにまちがいない！　しかも全体が岩の中にありそうだ。

**それにしても大きい**。

露出していた住《じゅう》房《ぼう》と思われる部分の

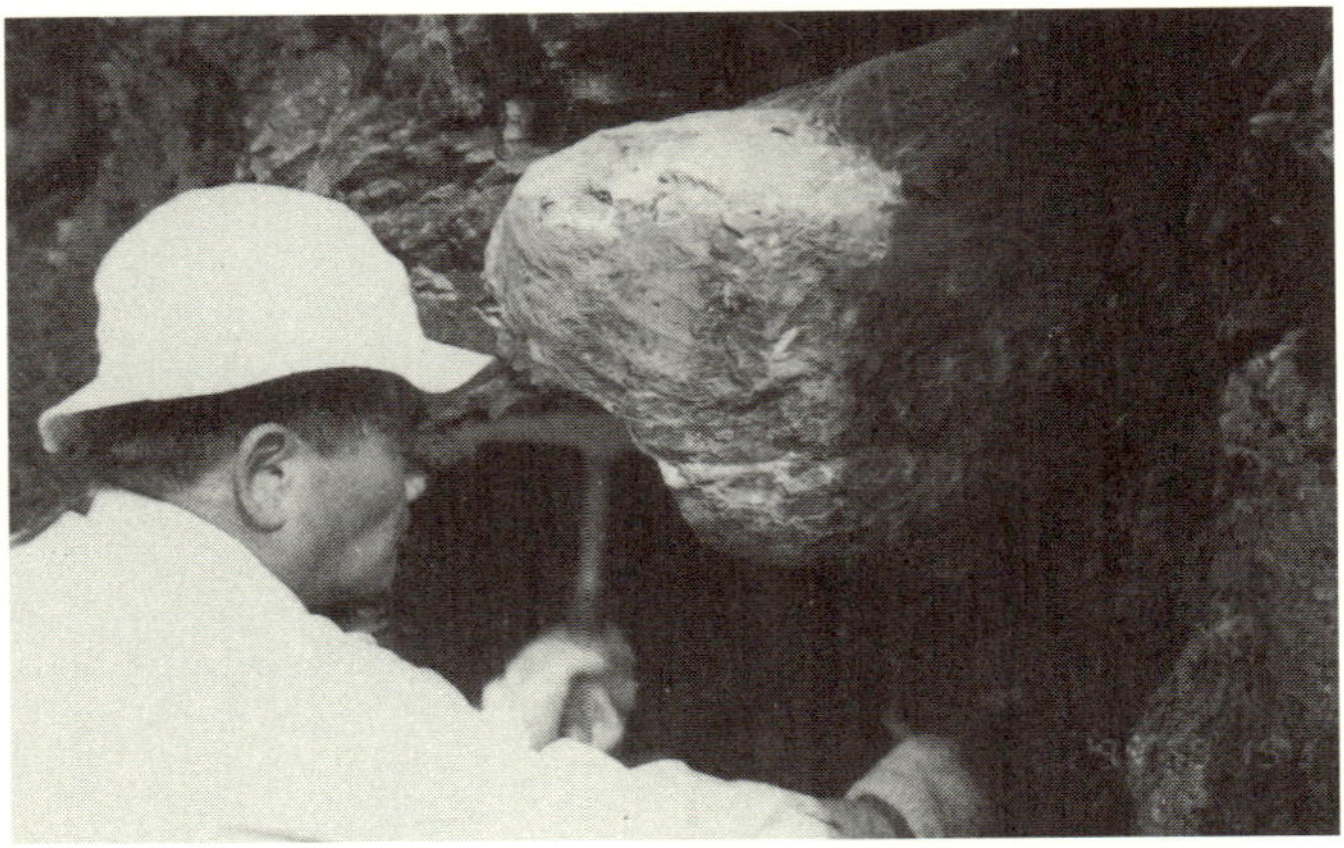

**地層から大型アンモナイトがはみ出していた**

50cmほどのアンモナイトが、ノジュール化して地層から一部はみ出していた。露出部分は住房部［パキディスカス　北海道夕張市カネオペツ沢　白亜紀チューロニアン］

厚みだけで40センチ以上あり、全長は1メートルを軽く超えそうだった。

喜びがこみ上げてきた。

超大物である。

しかし、**回収のことを思うと気が重くなった**。まだまだ化石全体は、硬い地層の中にあり、その**重さは優に数百キロはあるだろう**。しかもここは、車から数キロ離れていて、機械の力は期待できない。

その日は、アンモナイトの住房の一部までを確認して作業を終え、周りを落ち葉でかくして現場を後にした。

それから毎週末、夕張通いが続いた。

**大型アンモナイトの産状**

住房部が露出していた。ヘソの部分はまだ地層の中。筋があまり出ないタイプのアンモナイトのため、住房の一部のみだと単なるノジュールとの区別が難しい。殻の一部からアンモナイトと判断して掘り始めた

ツルハシとバールを使って岩盤《がんばん》を崩していく。

一カ月ぐらいたったころ、ようやくほぼ全体が出てきた。

直径1メートルを超える、どうやら**パキデスモセラス**の仲間のようだ。

完全体だが、残念ながら、沢から運び出すためには、一度割ってパーツ化し、後で組み立てるしかない。泣く泣く、タガネを使って化石を15ぐらいのパーツに分けた。

愛用のリュックは京都の一澤帆布社製。キャンバス地とはいえ、一個30キロを超える化石のパーツをいくつか入れると、すごい重さになる。肩紐が切れないか心配になるほどだった。

シェルパのようにそのリュックを背負い、這《は》うように沢を上った。

川中の泥に足を取られながら、うねる沢のカーブを曲がったその時、100メートルほど先の**河原にヒグマがいた………一瞬《いっしゅん》目が合った。**音を立てて顔から血の気が引いた。

こっちに来る！

しかし、熊は悠然《ゆうぜん》と川を渡り、対岸のクマザサの中に姿を消した。

普通なら、命大事でリュックを放り出して逃げ帰るところであるが、その時はなんとしてもこのアンモナイトを回収せねば、という使命に燃えていた。

日本最大級のアンモナイトだ！

**日本最大級の大型アンモナイト**

はじめて採集したメートルオーバー標本。350kgを超えていたため、いくつかのパーツに分けて沢から運び出した。住房部が非常に厚くなる。ヘソの辺りからサメの歯も産出した［パキデスモセラス　北海道夕張市カネオペツ沢　白亜紀チューロニアン］

なんとか1回目の回収に成功。

回収したパーツは、マンションのベランダに運びこみ、修復とクリーニングを進めた。その後、会社の同僚《どうりょう》まで巻きこんで、ほぼ**一月の期間をかけて回収**した。

週末ごとにマンションのベランダにパーツがそろっていった。

それにしても、すごい重さだ。ベランダの床がぬけないかと本気で心配した。パーツを強力な接着剤で接合し、傷口を特殊な石膏《せっこう》で埋めていくと、やっと一個の大型アンモナイト標本として見られるようになった。

厚い住房部をさわりながら、巨大アンモナイトが泳ぐ白亜紀のゆっくりとした豊かな海を想像した。

## 求めよさればば与えられん！

言葉どおり、ニッポニテスに続いて大型のアンモナイトが手に入った。

しかし、念願がかなうと欲が出るもので、さらにめずらしいアンモナイトを手に入れたいという欲求と、有名産地を見てみたいという気持ちから、その夏は、北は宗谷から南は浦河まで、毎週のように産地を渡り歩いた。

このまま一生、北海道で暮らせたらどんなに幸せだろうか。

しかし、その願いははかなく散る。

冷たい風が吹き出した10月のある日、大阪の上司から、大阪での仕事に急ぎ戻るようにとの指示があった。この時ほど後ろ髪引かれたことはなかった。

その夏一シーズン、北海道での数々の強烈な経験は、すばらしい記憶と化石コレクションを残してくれた。

ただ、ひっこしには苦労した。ベランダで組み立てた巨大アンモナイトの移動に、大人5人を要し、一時的に四国の実家に送った**化石は総重量1トン**にも達し、ひっこし業者の目を丸くさせた。

その後、巨大アンモナイトは愛媛県内子《うちこ》町の実家にあり、以前は家の前に出していたので、美観地区でもある同地を観光で訪れた際、ご覧になられた方も多いだろう。

また、２００6年夏、宮崎県立博物館の化石展での目玉展示品となり、約3万人の来館客の目を引いた。

# クリーニングのコツ

　クリーニングとは、化石本体の周りについた岩や砂を専門の道具を使って除いていく作業です。

　日本の多くの産地、特に中生代の化石はノジュールという硬い岩の中にふくまれていることが多く、化石を復元するには、根気よく化石を削《けず》り出す作業をしなくてはなりません。

　化石がどういう形で入っているか、常に完品のイメージをもつこと、そのためにはあらゆる化石情報を知っていること、が重要です。


【手順】
①化石をひざの上や砂袋などに固定する
②小さいハンマーとタガネで周りの石を剝がす
③小型ハンマーとタガネや歯医者さんが使うエアチゼルで化石を削り出す
④化石にひびなどが入ったら、瞬間接着剤で固定する
　化石自体がもろい場合は、木工用ボンドなどで固めるのもよい
⑤アートナイフやルーター（岩を削る機械）で細かい部分の整形をする
⑥完成

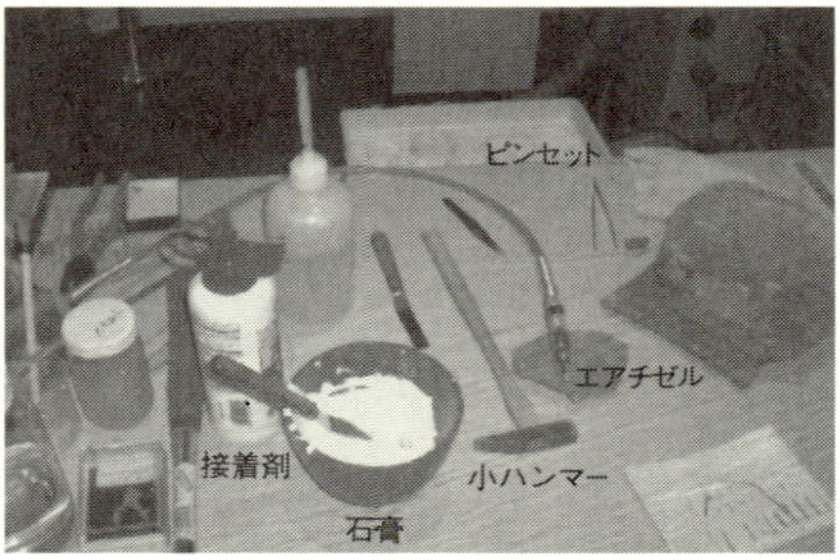

# 西日本最古の新種サンゴ化石発見

**宮崎県五ヶ瀬《ごかせ》町鞍岡《くらおか》〜祇園《ぎおん》山**

祇園山麓の鞍岡から大石の内にぬける山道の途中に崩落した現場が見られる。現在はネットを張って保護地としている。川下の転石にもサンゴが入っている可能性がある。

1997年春、宮崎に転勤した。

少し仕事も落ち着いた、8月のある日、久しぶりに化石採集に行きたくなった。

しかし、北海道での採集のインパクトがあまりに大きく、それを超える刺激的な産地でないと、もの足りなく感じるようになっていた。

当時、宮崎では、僕がおもにコレクションしている白亜紀の産地は知られておらず、なかなか食指が動かなかった。(2006年、白亜紀前期と思われる地層からアンキロセラス科の異形巻アンモナイトが発見されている。)

しかしある夜、**突然《とつぜん》頭の中に、五ヶ瀬町の**

**五ヶ瀬町鞍岡から見た祇園山全景**

祇園山は標高1307m。その山腹から大量のシルル紀サンゴ化石を産出する。九州の真ん中、ヘソともいえる場所にある山。シルル紀化石研究の聖地ともいえる山だ

**2006年に発見された宮崎県初の白亜紀アンモナイト**

30cmを超える大型の標本で、転石の表面に露出していた。アンキロセラス科の異形巻アンモナイトと思われる。写真提供=宮崎県立博物館［パラクリオセラス？　宮崎県西臼杵郡五ヶ瀬町　白亜紀バレミアン？］

**祇園山がひらめいた。**

祇園山は、九州山地のほぼ中央に位置する、標高1307メートルの山である。近くには、国内最南のスキー場もある、山深い地だ。

一見何の変哲《へんてつ》もない祇園山は、実は古生代の化石を研究する者にとっては、高知の横倉山と並んで、**メッカともいうべき産地**だった。

当時の僕は、シルル紀の化石については、正直あまり興味はなかった。が、なんとはなしに祇園山に行かなくてはならないような、不思議な気持ちになって、山道を車で飛ばした。宮崎市内から約4時間の山道である。

ようやく祇園山のある五ヶ瀬町鞍岡に着いた。入山手続きを取り、*そこから山中に分け入った。

産地に着いて思わず驚きの声を上げた。

先の台風13号の影響《えいきょう》か、化石を大量にふくむ化石層が、土砂崩《くず》れで大規模に露出していたからだ。

崩落《ほうらく》した露頭にかけ寄り目をこらすと、驚いたことに、**ほとんどの転石が巨大なシルル**

＊五ヶ瀬町役場に事前に届けを出し、入山許可書をもらう必要がある。

**祇園山崩落地（崩落直後）**

1997年の台風13号により土砂崩れが発生。サンゴ化石、三葉虫をふくむG2、G3層が大きく崩落した（G2層は凝灰質礫岩層、G3層は桃色の石灰岩層）。白い石灰岩のほとんどが化石をふくんでいる。現在はネットでおおわれており、採集は禁止。観察のみ可能

**紀のサンゴ化石**のかたまりであり、子どもの頭ほどの**ハチノスサンゴやクサリサンゴの密集体**、また、**小枝状のサンゴ**がそれこそ無数に岩盤《がんばん》から浮き出していた。

4億年以上の長い眠りから、太古のサンゴ礁《しょう》がよみがえった瞬間《しゅんかん》だった。

岩盤に近づくと、僕の脳裏に、サンゴたちが生い茂った暖かい海中のイメージがわきあがってきた。

以前、高知の横倉山に採集に行った時、一日中、山中を探しまわって、小さなハチノスサンゴ一個やっと手に入れたことがあった。ましてて、クサリサンゴなどは簡単に採れるものではないと、ずっと思っていた。

「祇園山の山の神が呼んだんだなー」

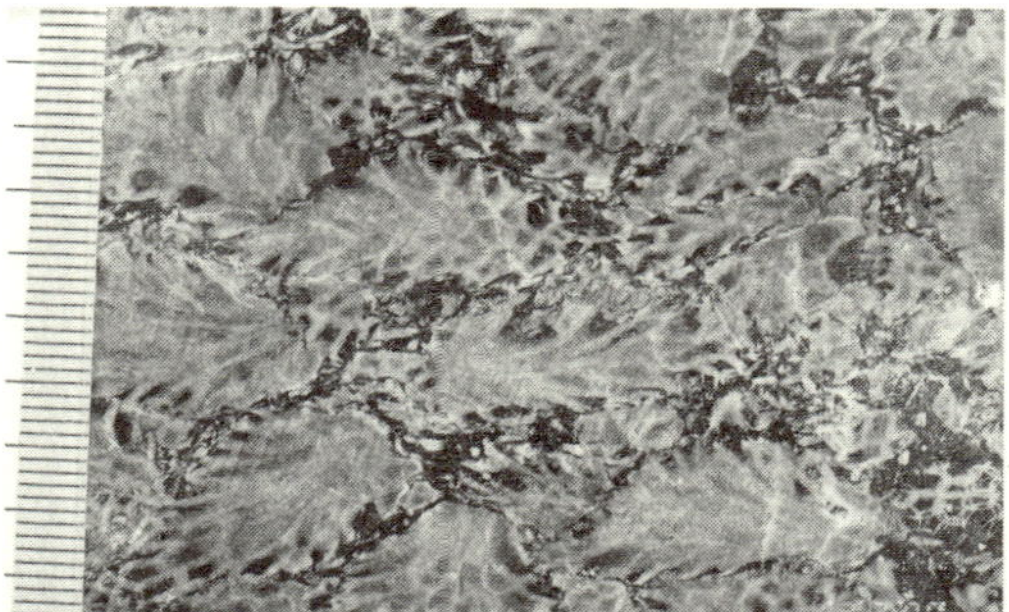

**クサリサンゴ**

高知県横倉山からも産する棒状に群体をなすクサリサンゴの種類。祇園山の崩落地では大量に産出した。数mの岩体がすべてこのサンゴだったりした［ファルシカテニポーラ・シコクエンシス　宮崎県西臼杵郡五ヶ瀬町鞍岡祇園山G2層　シルル紀ウェンロック　凝灰質礫岩　標本の大きさ8×16cm］

なんだか運命的なものを感じていた。それからしばらくの間、祇園山詣《もう》でを続けたのはいうまでもない。

祇園山をふくめて日本最古の大型動物化石を産出する地点は、南は熊本県深水《ふかみず》から、宮崎県祇園山、愛媛県城川、高知県横倉山、徳島県辷谷《すべりだに》、和歌山県名南風《なばえ》と、西南日本に細長い一本のライン上に並ぶ。

これが黒瀬川構造帯と呼ばれる一連の岩帯で、若干の生息環境のちがいによる産出種のちがいはあるものの、ほぼ同時期のシルル紀の化石群をふくむ。

これらの産地からの化石群は黒瀬川構造帯のみにとどまらず、オーストラリア、中国南

シルル紀の海底を想像してみた

部、バルト諸国といった、世界中のシルル紀層からの化石群との共通性を示す。

4億数千万年前は南海の同じ場所だったのが、海底プレートの移動で、4億年以上の月日をかけて世界中に散らばったのだ。**南の暖かい海のサンゴ化石が、標高1307メートルもある祇園山山腹から出てくる**ことに、地球のダイナミックなドラマを感じずにはいられない。

ましてや、その現物が僕の目の前に現れたのだからおおいに興奮した。

崩落地で最初に目につき、最もたくさん産出したのが、小枝状のサンゴをふくむ、ハチノスサンゴの仲間、太陽状の個体をもつ日石《にっせき》

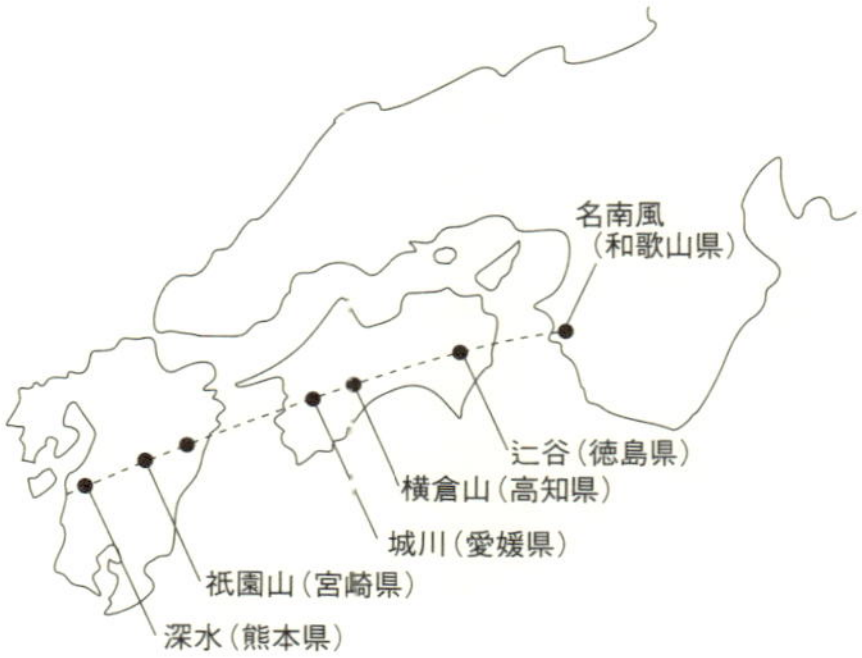


**西日本における黒瀬川構造帯の分布**

シルル紀の化石の産地を地図上に並べていくと、
1本の細い線上に並ぶ。これが黒瀬川構造帯だ

サンゴ。

そして念願のクサリサンゴの仲間も、ファルシカテニポーラ・シコクエンシスは大量に産出したが、より美しいチェーン構造（ラキューナ）をもつ、ハリシテス・クラオケンシスはあまり産出しなかった。

どれも、地下水脈の影響で風化が進み、**芸術品のように浮き出していた**。一発で私はサンゴ化石の虜《とりこ》になっていた。

大きな岩体を崩すと20センチを超えるハリシテス・クラオケンシスのマッシュルーム状の群体が飛び出してきて、小躍《おど》りしたこともあった。

しかし、至福の時は長くは続かなかった。

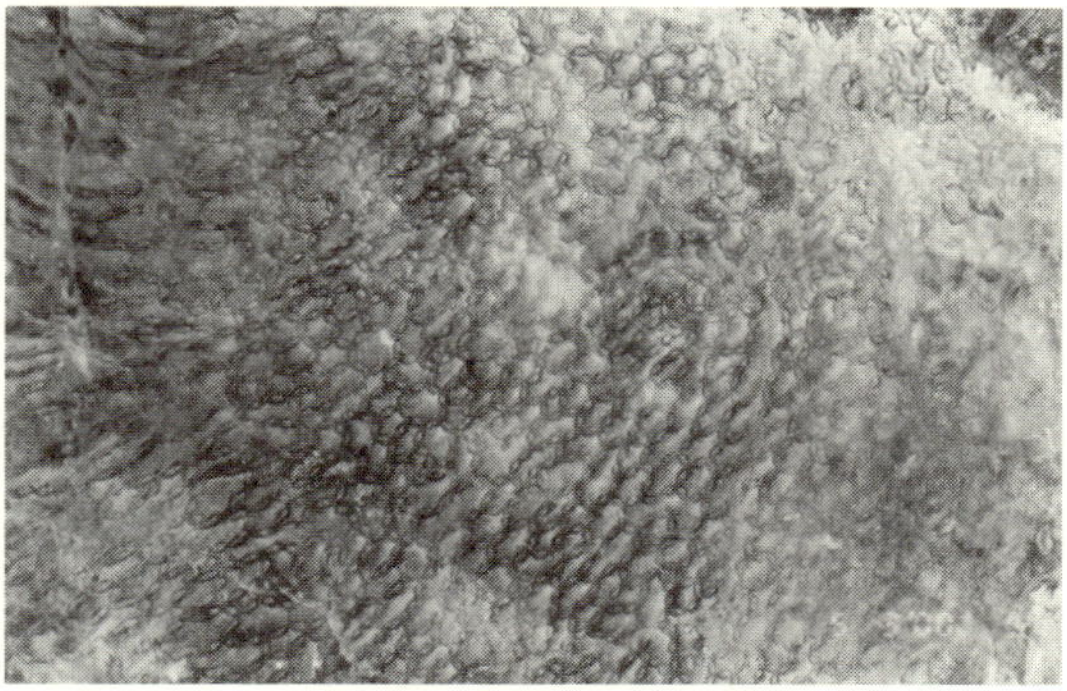

**クサリサンゴ**

大型のクサリサンゴの群体。50cmほどの岩体に円盤状のかたまりで入っていた。個体は丸みのあるラグビーボール状をしていて、大きさは0.4×0.8mm。通常のハリシテス・クラオケンシスより個体が著しく小さいが、スライド薄片化すると細長い棘状の隔壁棘をもつという特徴がわかる［ハリシテス・クラオケンシス？　宮崎県西臼杵郡五ヶ瀬町鞍岡祇園山G2層　シルル紀ウェンロック　凝灰質礫岩　標本の大きさ16×20cm］

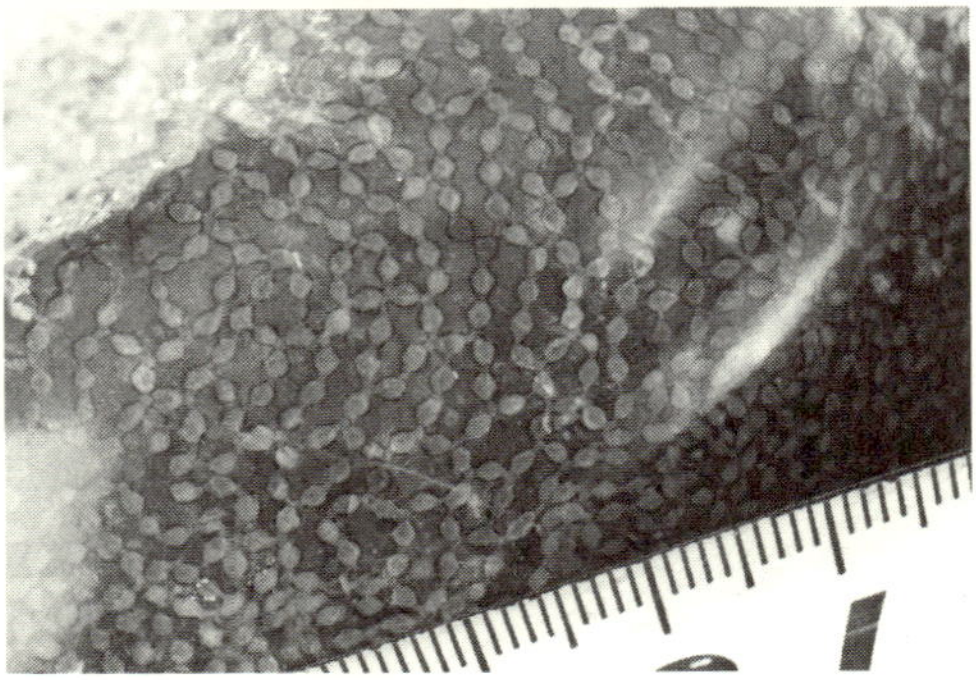

**クサリサンゴ**

クサリサンゴの群体としては大きい。何より外観がマッシュルーム状で、生息当時の状況が推測できる。個体はラグビーボール状で内部に隔壁棘が確認できる。崩落地の岩盤から産出。ファルシカテニポーラを共産［ハリシテス・クラオケンシス　宮崎県西臼杵郡五ヶ瀬町鞍岡祇園山G2層　シルル紀ウェンロック　凝灰質礫岩　標本の大きさ14×18cm］

上：全体

中：部分アップ

下：一部研磨標本

五ヶ瀬町の依頼で、福岡大学を中心とする研究チームが入り、アマチュアはシャットアウトされてしまったのだ。

しばらくすると崩落地は土砂止めの工事がなされ、化石層は上からネットが張られてしまった。

そのころよく出入りしていた宮崎県総合博物館*の学芸員の方から、宮崎化石研友会のことを教えてもらった。

会長の岡山清英さんは、祇園山をふくめて多くの標本をお持ちとうかがい、早速、コレクションを見せていただくことにした。

岡山さんのコレクションは、宮崎県川南町のノジュール中の魚化石やイチョウ蟹など、はじめて目にする化石が多かったのだが、私の興味はもっぱら祇園山のサンゴにあった。

岡山さんの祇園山コレクションは、崩落地とは少し離れた山中での転石から採集したものが主だったが、私が崩落地で見つけることのできなかった、**ハリシテス・ベルルスの20センチ以上ある群体**など、目を見張るものが多数ふくまれていた。

ぜひ山中の**産地を見てみたいとお願い**すると快諾《かいだく》してくれた。



＊宮崎市神宮2-4-4　TEL：0985-24-2071　http://www.miyazaki-archive.jp/museum/

次の日曜日、岡山さんの車で祇園山に向かった。崩落地にほど近い山中に産地はあった。転石や表面をおおう落ち葉を払うと、風化したサンゴが現れた。

**すばらしい産地だ。**その後、続けて通ううちに、ハリシテス・ベルルスを見つけることができた。

次は、ハリシテス・シスミルヒーという迷路状の大変美しいラキューナ（個体に囲まれた空間）を作るクサリサンゴを見つけることが、岡山さんと僕の共通目標となった。

しかし、何度、祇園山に通って、目を皿のようにして探しまわっても、シスミルヒーのシの字も出てこない。**本当にシスミルヒーは**

**クサリサンゴ**

ふくらみのある卵型の個体をもち、1〜3個の個体のつながりで美しいラキューナを形成するという特徴がある。祇園山からは30cmを超える大型の標本を採集している。ドーム型の群体を形成したと考えられる［ハリシテス・ベルルス　宮崎県西臼杵郡五ヶ瀬町鞍岡祇園山G2層　シルル紀ウェンロック　凝灰質礫岩　標本の大きさ7×4cm］

**出るのか?**　ポイントがちがうのか?という疑問ばかりつのっていった。

ちょうどそのころ、宮崎化石研友会の顧問、足立富男さんが、広島大学の児子《にこ》修司博士と祇園山のサンゴ化石研究に着手されているという情報を得た。

足立さんは以前、祇園山でシスミルヒーを採集したことがあると聞いて、早速、見せていただいた。

足立さんのコレクション中に、確かにシスミルヒーはあった。

足立さんによれば、何度も採集に通っていれば、非常にまれに得ることができるとのことだった。

それだけでなく、足立さんは、祇園山には**まだまだ未知の床板《しょうばん》サンゴがある**ことを、プレパラートに薄片にした標本で教えてくれた。

それは、今まで産地で目にしても、サンゴだとすら気がつかない化石の数々だった。

より深い床板サンゴの世界にふれ、ますます興味は増した。

その後、さらに知識を深めて、改めて産地を探索《たんさく》すると、**見落としていた不思議なサン**

**ゴが次々と目に飛びこんできた。**

最初に、見つけたのが、マルチゾレニアの仲間である。

細かいヘビがのたうったような横断面構造をもつこの床板サンゴも、最初は化石とすら認識していなかったし、風化した標本も層孔《そうこう》虫《ちゅう》の仲間だろうとしか考えていなかった。

土だらけの標本を冷たい川の水で洗い、表面に目をこらすと、美しい微細な構造が見えてくる。まさに**「神は化石の細部に宿る」**である。祇園山の山中で、その美しさにため息をついた。

ある日、石灰岩の岩盤に、**見たこともないサンゴが浮き出ている**のを見つけた。

**床板サンゴ、マルチゾレニアの仲間**

小型の群体の風化した標本。群体の横断面がヘビがのたうつような型（シュードメアンドロイド型）をなす。採集当初、サンゴとすらわからないでいた［マルチゾレニア・トルトーサ　宮崎県西臼杵郡五ヶ瀬町鞍岡祇園山G2層　シルル紀ウェンロック凝灰質礫岩　標本の大きさ2×1cm］

束ねた髪の毛のようなその化石を見て、直感的に何か感じるところがあった。

サンゴ化石にくわしい知人*に写真を送ったところ、「児子博士に送る価値あり」という返信があり、標本を博士の研究室に送った。

まもなく博士から、**「大変興味ある標本です。サンプルをもっと欲しい」**というお手紙をいただいた。

その後の採集で、同じ種類と思われる3個の標本を得ることができた。

2年の研究期間を経て、僕が最初に採集した標本をベース（完模式標本）として、新種であるとの記載《きさい》論文が国立科学博物館から出た。僕の尊敬する、祇園山研究で学位をとられた東京大学名誉教授、浜田隆士博士に献名

**アルベオリテス類床板サンゴ**

完模式標本（国立科学博物館寄贈）

厚い平板状の群体をなす床板サンゴ。個体の横断面は三日月型、風化面では束髪状のうねりを示す。個体直径がこの種の中では大きく厚い。この種は同属最古のものとなった。僕が祇園山から採集した化石が、新種記載標本となった［キタカミイア・ハマダイ　宮崎県西臼杵郡五ヶ瀬町鞍岡祇園山G2層　シルル紀ウェンロック］

＊サンゴ化石研究会　代表：平田泰祥　http://ww6.enjoy.ne.jp/~yhirata1/

し、キタカミイア・ハマダイと名づけられた。

キタカミイアは、東北の北上山地河内層から採集されたものが、杉山敏郎博士により1940年、層孔虫として記載されたが、その後の研究でサンゴの仲間だとわかった不思議なサンゴだ。

そのキタカミイア属に属する今回の新種は、東北産の種に比べて、個体のサイズが大きいこと、厚い個体壁、床板の数の多さ、と形体のちがいがあり、新種と認定されたということだった。

そしてこの属としては**最古の種類**だったのだ。

この発見は、さらに**新種を発見したいという、僕の気持ちに火をつけた**。

まだまだ、祇園山の山中には、未知の床板サンゴが眠っているにちがいない。

# サンゴ化石に
# 自分の名前がついた！

## 宮崎県五ヶ瀬《ごかせ》町鞍岡《くらおか》～祇園《ぎおん》山

２００２年２月、引き続いて、未知の床板《しょうばん》サンゴを探しに、祇園山の山麓《さんろく》に分け入っていた。

少し残雪の残る山肌《やまはだ》の転石を、手に取りながら床板サンゴの有無を一つひとつ調べていった。

僕の関心は大型のサンゴから、微細な形体のサンゴ探しに切り替わっていた。

気になるサンゴを、一カ所に集めて、持ち帰ってからゆっくり水洗いして、ルーペで調べる。

その日の採集で、転石のひとつに管状で連結管のあるサンゴが浮き出した標本を見つけた。これはめずらしいぞと思い、標本をリュ

**祇園山妙見神水入り口**

サンゴ化石をふくむ露頭のすぐ下から泉がわき出ている。味はまろやかでおいしい

ックに収めた。

その日もかなりの数のサンゴを拾い、満足して下山した。

夜、採集した標本を整理しようと、一点一点リュックから出し水洗いしたところ、**あの管状のサンゴが入っていない！**

リュックに入れたつもりで、どうやら山中に置き忘れたらしい。

普通のサンゴなら、気にもとめずに放っておくのだが、その標本だけは脳裏に焼きついて離れない。どうしても再度探して手に入れなくてはならない、という気持ちになってきた。

翌週、再び祇園山に向かい、先週歩いたコ―スを、注意深く探していった。

**あった！**

採集した標本を集めておいた大木の切り株の上に、その標本は置かれたままになって残っていた。ホッとして今度こそはと思い、丹念《たんねん》に新聞紙に包み、リュックに収めた。

自宅で水洗いし、ルーペで確認すると、約15センチの母岩に5センチほどにわたって管状の個体が並び、それを連結管がつなぐ構造で、床板が密集した形状になっていた。

「**はじめて見るサンゴだ……**」

気になるサンゴだったので、その他の？マークのサンゴたちと一緒に児子博士に送付した。

未知のサンゴを採集する一方で、念願のハリシテス・シスミルヒーの標本を得たいという気持ちはますますふくらんでいった。


そんなある日、宮崎化石研友会の岡山さんから電話があった。

「シスミルヒーを採ったよー！」

**先を越されてしまった**。

すぐに標本を見せていただいた。

掘《ほ》り出す際、バラバラにこわれてしまっていたが、大型の群体のまぎれもないハリシテス・シスミルヒーの標本である。

僕のショックは大きかった。やっぱり祇園山の山麓にはまだまだ大物がかくれているんだ。

その数週間後、再び、祇園山に向かった。

今回は、祇園山山麓の鞍岡にある旅館に一泊し、二日かけて、**今度こそ絶対にシスミルヒーを射止めてやる！**と気負いこんで入山した。

岡山さんが採集した地点を中心に、その周辺の落ち葉をのぞいていった。岩盤《がんばん》を丹念にチェックしていき、じゃまな岩をはぐった、まさにその時、岩盤に念願の迷路状のクサリサンゴが浮き出していた。

思わず声が出た。

**「シスミルヒーだ！」**

群体は子どもの頭ほどの大きさもあり、その風化面は自分がイメージする理想的な標本だった。

岩盤から、標本を丹念に剝《は》がし、小躍《おど》りしながら山を下りた。

旅館で水洗いをした標本を、ためつすがめつ観察した。念願の標本が手に入ったのである。うれしさがジワッとこみ上げてきた。

旅館の窓からは、正面に祇園山が望める。テーブルの上にシスミルヒーを乗せて、祇園山と重ねながら、一人焼酎で祝杯を上げた。

念願の標本を得て、祇園山行きの回数も減った。

ちょうどそのころ、鹿児島県の獅子島でクビナガリュウの化石を発見し、採集対象もシ

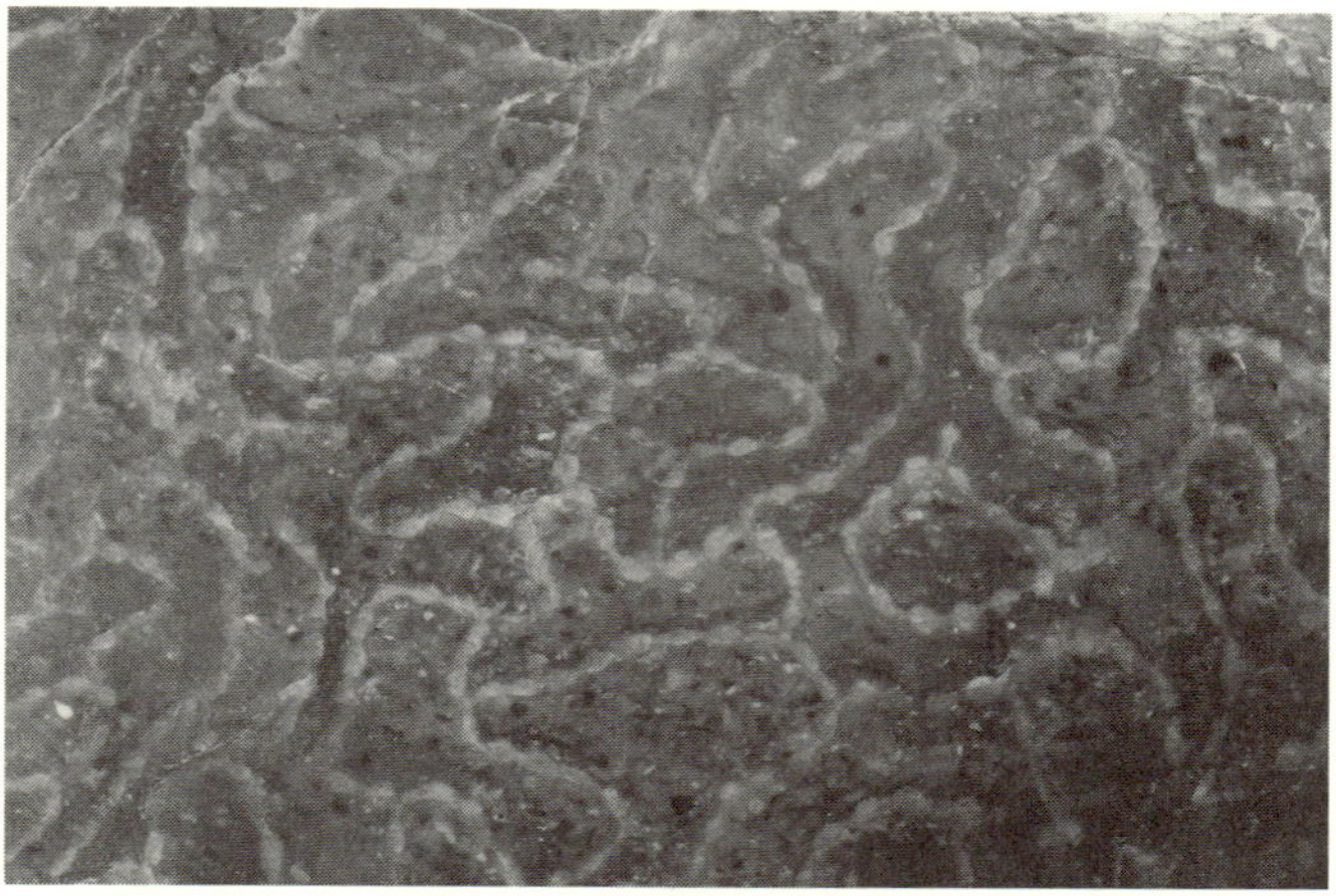

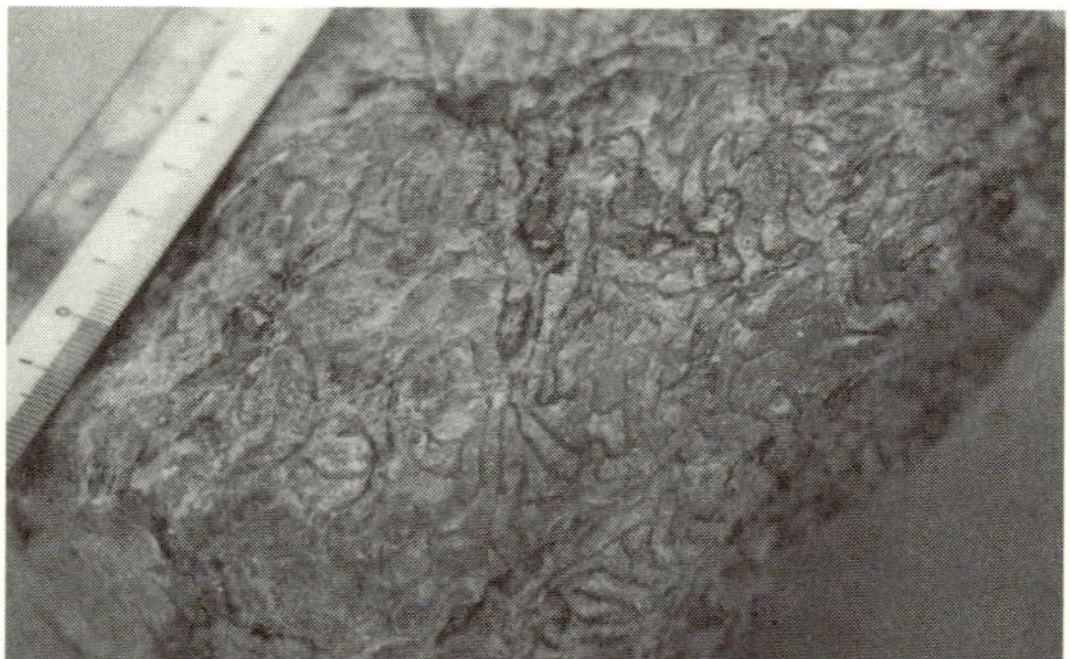

**はじめて採集したハリシテス・シスミルヒーの群体標本**

風化面に迷路状のラキューナが美しく浮き出している。おそらくメートル級になったろう群体の一部の標本。高知県の横倉山からも同様の標本が産出している［宮崎県西臼杵郡五ヶ瀬町鞍岡祇園山G2層　シルル紀ウェンロック　凝灰質礫岩　標本の大きさ15×20cm］

上：部分アップ（研磨面）　下：全体

フトしつつあったのだ。

しかし、祇園山の山の神は最後に大きなボーナスをくれた。

なんと、以前、児子博士に送付した管状のサンゴが**新種と認められ、僕の名前がついた**のだ。

正式名称、**シリンゴポーラ・ウツノミヤイ**。

床板サンゴの管《くだ》サンゴ目で、個体が平行に並び、束状《たばじょう》をした群体をし、連結管をもつ、シリンゴポーラ超科に属し、バルト諸国や中国南部から産する種類と比較できるものだった。

**はじめて僕の名前がついたシルル紀のサンゴ化石**
完模式標本（国立科学博物館寄贈）
床板サンゴのうち管サンゴ目で、個体が平行に並び束状をした群体をし、連結管をもつシリンゴポーラの仲間［シリンゴポーラ・ウツノミヤイ　宮崎県西臼杵郡五ヶ瀬町鞍岡祇園山G2層　シルル紀ウェンロック］

# 祇園山で採集した化石いろいろ

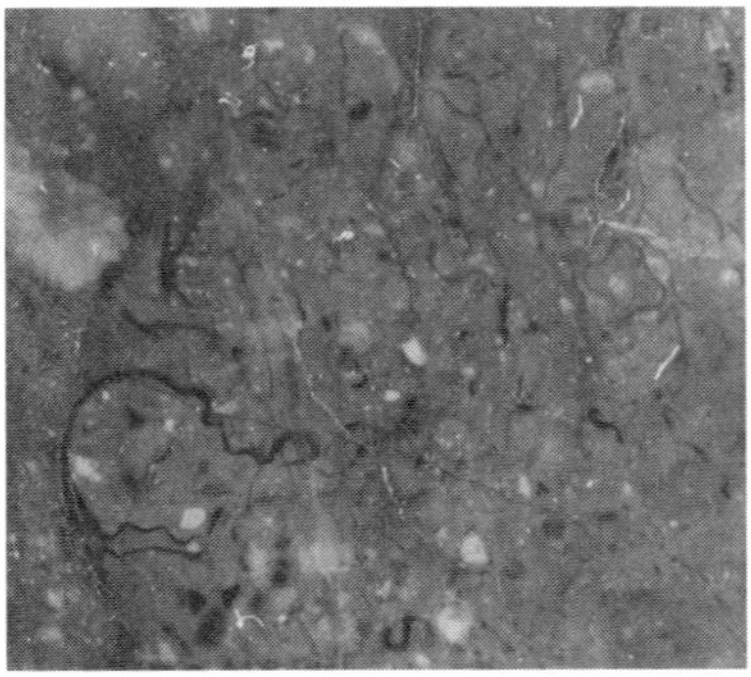

**上：祇園山（G2層）産三葉虫頭部断面**

横倉山標本と比較できるもの。スファエロクサス・ヒラタイ。8mm

**中：高知県横倉山産三葉虫頭部化石（比較標本）**

丸みのある頭部をもつ三葉虫。G3属の石灰岩から密集して産出する。この岩体からは頭部のほか、尾部や他属の三葉虫も複数出てきた。化石部1cm

**下：四射サンゴの一種**

スリッパ状をした四射サンゴの一種。崩落地より産出。風化標本。長径7cm

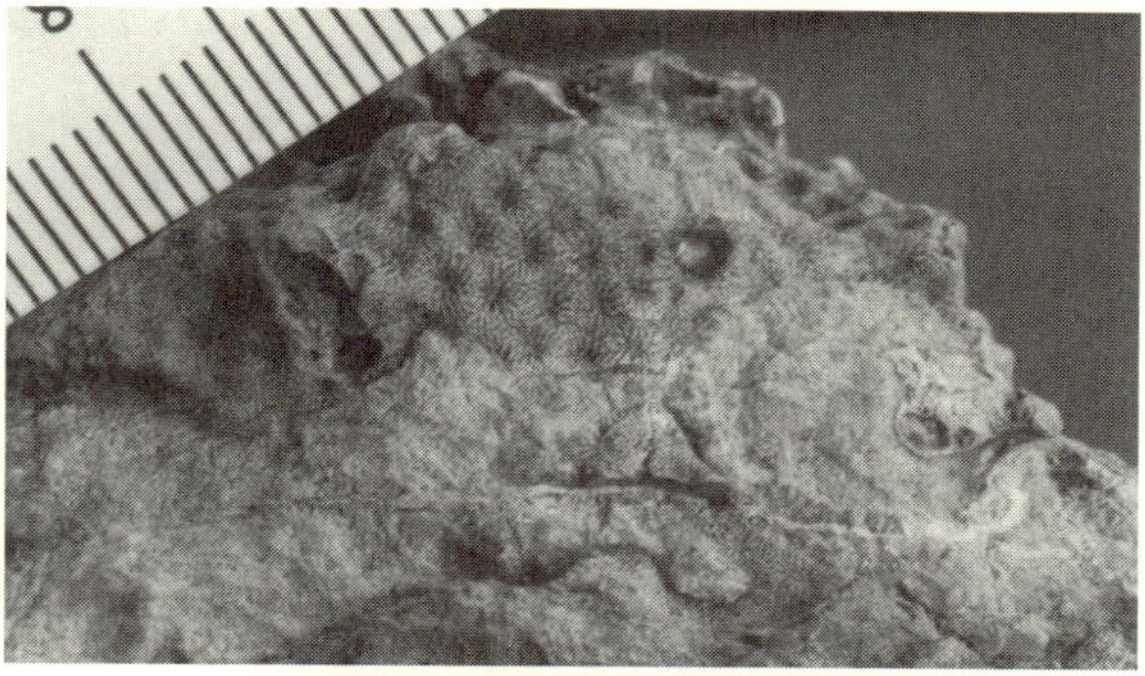

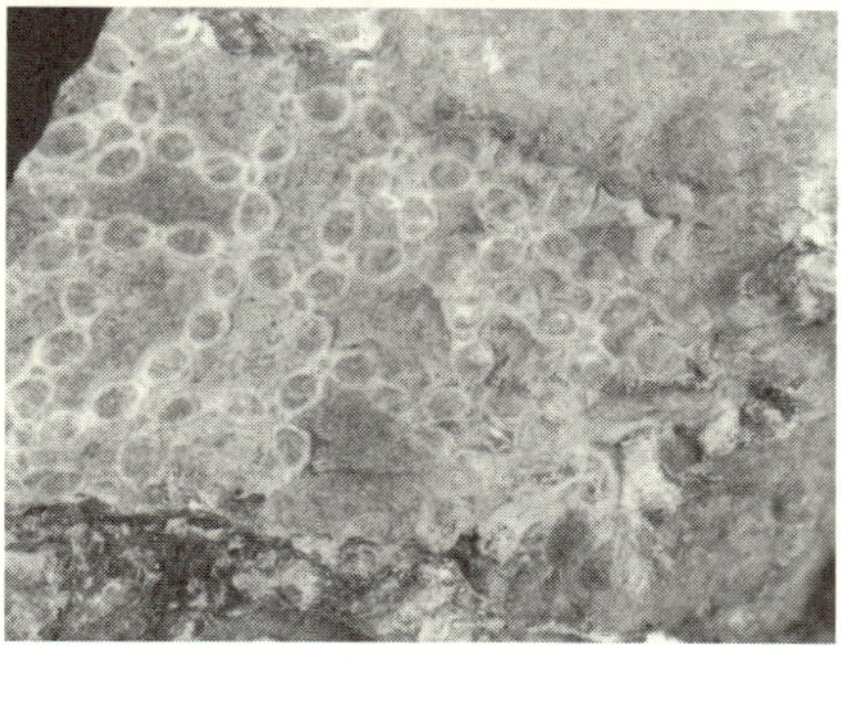

**上：層孔虫類似化石**

凝灰質礫岩の中に塊状の群体で産出。化石部分はやわらかい泥岩で、くわしい情報はわからない。横倉山からも類似の標本が得られる。母岩左右7cm

**中：日石サンゴの仲間**

祇園山からは複数の日石サンゴ類が産出するが、まだ正式な研究報告は出されていない。ソーマトリテス？　左右6cm

**下：クサリサンゴ**

ラキューナは不規則な多角形。個体は丸みのある卵型。大きさは約1.4×1.6mm。個体は2～4個の連なりを見せ、共有小管は大きく、3個体の分岐点でやや崩れた三角形を示す。個体壁はやや厚く約0.1mm。ハシリテス・クラータス。左右5cm

宇都宮式

# 化石収集・整理のヒント

せっかく採集・クリーニングした化石。
どうしたらもっと楽しめるか、僕の方法をこっそりお教えしましょう。

### ①同じ産地で幅広い標本を集める

同じ整理棚に入れることで、当時の生物群が見えてきます。

### ②アンモナイトや三葉虫は同じグループの標本を時代ごとに集める

アンモナイトや三葉虫は自動車のモデルチェンジと同様に、時代ごとで大きく形が変わります。当時のはやりすたりが、時代ごとにわけて整理することで見えてきます。

### ③地味な化石こそまた味わい深い

サンゴや棘皮《きょくひ》動物など一見地味な化石こそあきがきません。
人が集めていないジャンルをまとめて整理すると、意外に楽しめますよ。

祇園山のサンゴ化石を種類ごとに整理して収納している

# クビナガリュウ見つけた!!

## 鹿児島県長島町（旧東《あずま》町）獅《し》子《し》島《じま》幣串《へぐし》

全島いたる所に白亜紀の三角貝（トリゴニア）や巻き貝を中心に化石がまさに転がる島。日本のライム・リージス*と呼びたい！2004年、幣串の海岸から“サツマウツノミヤリュウ”が出た。

※長島町諸浦港からフェリーか水俣《みなまた》港から高速艇。どちらも1日数便しかないので時間を確認すること。

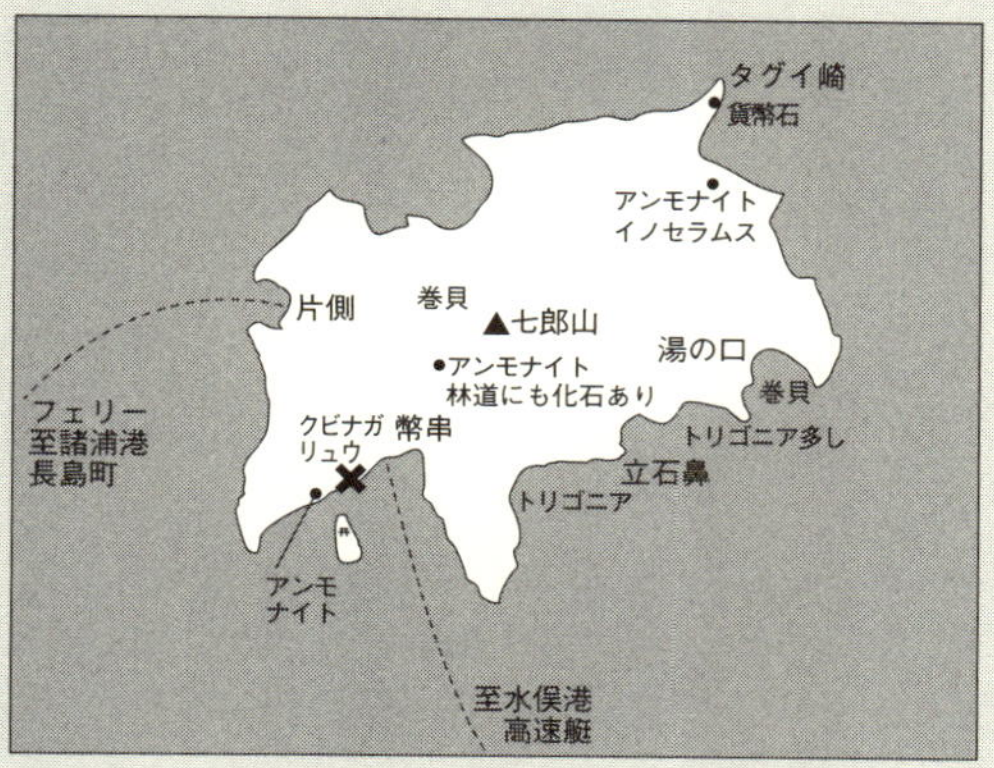


＊イギリス南部の有名な化石産地。海岸の露頭から化石が採れる。メアリー・アニングがはじめてクビナガリュウを発見した場所。

長い化石人生の中で、不思議な体験をしたことが、何度かある。

夢の中にある産地が出てきて、どうしても気になって行ってみると、山が大きく崩《くず》れて、化石がゴロゴロと転がっていたこともある。

また、これも夢の中に、ずっと探していたアンモナイトを採集した情景が出てきて、気になって実際に産地に行ってみると、まさにその夢の情景どおりの場所で化石が出てきたこともある。

化石も**岩の中から出たい！**と念じているのかもしれない。

クビナガリュウの発見も、「見つけた」というより、むしろ「呼ばれた」という思いが強い。

**2004年2月7日**

この年は仕事も多忙で、年初からほとんど休みもなく過ごしており、久しぶりの休日にシルル紀化石の産地、祇園《ぎおん》山（宮崎県五ヶ瀬《ごかせ》町）に行く計画を立てていた。

朝起きると外は雪。

寒波の襲来《しゅうらい》で宮崎でも山間部は大雪で、当然、祇園山の化石産地も雪の下。仕方なく採集地を変更《へんこう》せざるをえない。

その時、頭に浮かんだのが、鹿児島県北西部、水俣湾に浮かぶ獅子島だった。

獅子島は、白亜紀の地層が広く分布する島で、火山灰でおおわれた南九州では、数少ない化石採集を楽しめる場所だ。海に近いので雪は気にしなくても大丈夫だろうと考えたのである。

宮崎市から陸路、えびの市を経由して九州を横断する形で約3時間、水俣市へ車で移動、そこから高速艇《てい》で、3年ぶりとなる獅子島をめざした。

獅子島は水俣湾上に、恐竜化石を産することで有名な、御所浦島《ごしょうらとう》と並んで浮かんでいる。

御所浦島の白亜紀層がむき出しになった絶

獅子島より遠景に恐竜で有名な御所浦島を望む

壁を遠景に眺めながら、ぼんやりと「一度でいいから、恐竜も採ってみたいなー」と考えていた。

その時点での現実的な獲物《えもの》はアンモナイトである。

まさか、島でクビナガリュウが待っているとは想像すらしていなかった。


獅子島、幣串港に着き、産地までの数キロメートル、徒歩で海岸の岩場を探していった。白亜紀の泥岩《でいがん》が辺り一面に分布していて、いたる所に三角貝が点在している。

獲物は近いぞ……目を皿のようにして、何回も岩場を往復した。

ふと、ある岩盤《がんばん》に子どもの頭ほどありそう

**アンモナイト（グレイソニテス）の産状**

突起が海岸の岩盤に浮き出していた（ひざの手前、写真中央）。白亜紀セノマニアンを特徴づけるアンモナイトだ

な、アンモナイトが露出《ろしゅつ》しているのに気がついた。

**「グレイソニテスだ!」**＊

ゴツゴツとした突起《とっき》が粗《あら》い筋の上に二列発達した、アカントセラス超科の特徴的なアンモナイトで、北海道の幌加内《ほろかない》地区からも採集される。白亜紀セノマニアン前期を代表するアンモナイトだ。

アンモナイトのコレクターなら**のどから手が出る標本**である。

「やったー!」

早速、ハンマーで化石の入った岩盤を掘《ほ》り進めていった。

しかし、思った以上に岩盤が硬い!

ハンマーをふるうたびに、岩から火花が散

**グレイソニテス**

ウッドリッジイタイプより突起が背面により激しく立ち、断面が楕円に近い。一度このタイプのアンモナイトを採集すると、普通のアンモナイトでは満足できなくなる。九州産のアンモナイトでは白眉の標本［グレイソニテス aff. アドキンシ　鹿児島県長島町獅子島幣串　白亜紀セノマニアン　直径23cm］

＊アンモナイトの属名

った。なかなか掘れないまま無情にも時間ばかりが過ぎていく。

ふと時計を見ると、最終の高速艇の時間が迫っているではないか。

その日は採集をあきらめて、再度出直すことにした。

**2月11日**

改めて道具をそろえて獅子島に再上陸。

掘り残したアンモナイトの岩盤を大型のハンマーで割り欠いていった。

やはり道具がそろうと作業が進む。一時間もしないうちに、アンモナイトを剝《は》ぎ取ることができた。

ふと気づくと潮が足もとまで満ちつつあっ

復元図

**グレイソニテス**

突起・装飾の激しいタイプ。小型の標本。特徴的な縫合線（シューチャーライン）が見える［グレイソニテス aff. アドキンシ　鹿児島県長島町獅子島幣串　白亜紀セノマニアン　直径14cm］

た。たった今、アンモナイトをぬいたばかりの岩盤も、みるみるうちに海の下に消えていく。

念願のアンモナイトを手中に収め、満足してしばらく一服。

その時、関西恐竜研究会の谷本正浩さんからの年賀状に書かれていた言葉が、ふと脳裏をよぎった。

「**大型爬虫《はちゅう》類化石をぜひ見つけてください**」

高速艇までの時間はまだまだある。

そういえば、アンモナイトの岩盤に来る途中、なんとなく骨が出そうな泥岩と礫岩《れきがん》の互層があったなと思い、場所を移した。アンモナイトの産地から100メートルほど港に戻った場所である。

化石でずっしりと重いリュックを「ヨッコラショ」と下ろした、まさにその瞬間《しゅんかん》、腰をかがめたすぐその鼻先の岩盤に**私の目は釘《くぎ》づけになった。**

そこにはスポンジ状をした組織をもつ、明らかに大型動物の骨と思われる断面が露出していたのだ。

**まさか!!**

目をこすりながら、骨の周りの砂をかき分けてみた。

「大きい!」

**20センチを超える何者かの骨である。**

恐竜の骨は、学生時代の化石商でのアルバイトで見慣れていた。

発見の瞬間は、興奮していたというより、「えらいもの見つけてしまった。どう発掘《はっくつ》したものか……」と、意外に冷静に考えていた。

考えている間にも、どんどんと潮が満ちてきている。

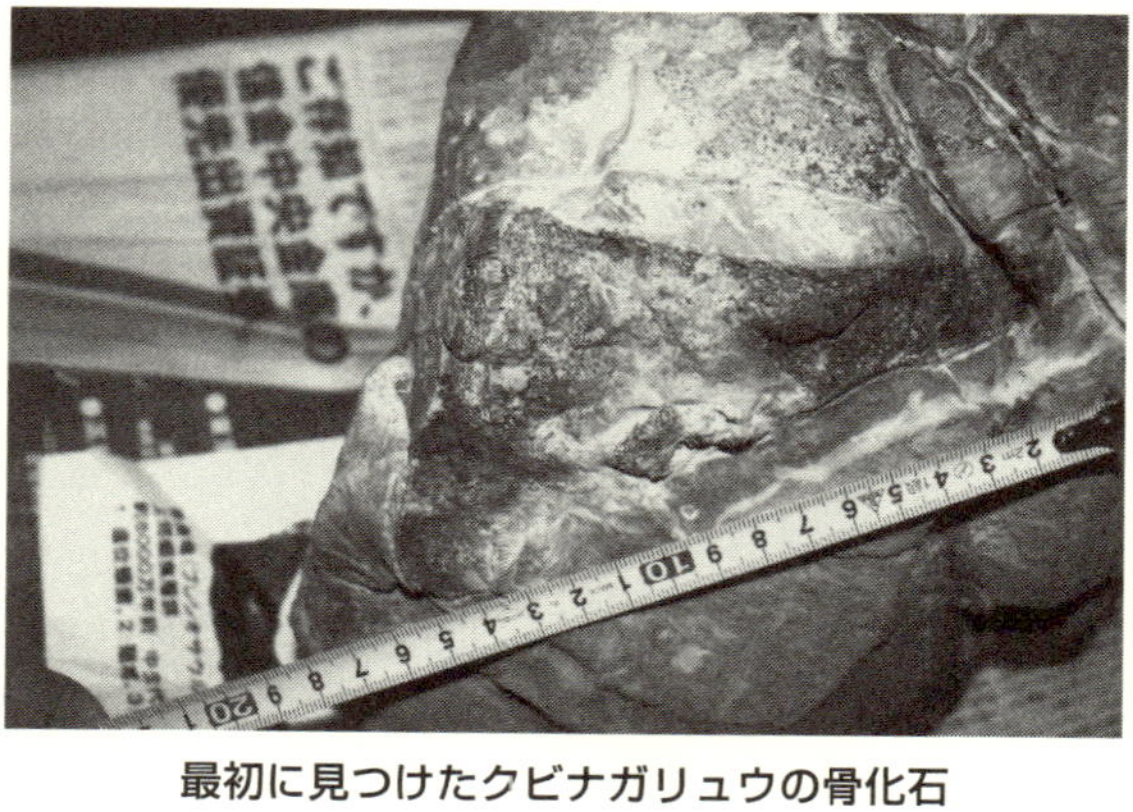

**最初に見つけたクビナガリュウの骨化石**

肩帯か腰帯と思われる大型の骨。外縁部近くまでスポンジ状の組織が見られる

とり急ぎ、露出している骨を周りの岩ごとブロックで岩盤から割り取ることにして、早速作業にかかった。

岩は思ったより簡単に岩盤から外れた。

40センチほどのブロックで、かなりの重量があったが、欲と二人連れ、リュックになんとか収め、背中に担いだ。

高速艇乗り場までの数キロ、まさに**はいつくばるようにして化石を運んだ**。こんな重労働は、北海道夕張の奥地で巨大アンモナイトを見つけた時以来だ。

大変な作業だったが、心は充実していた。

なんだか夢を見ているような、そんな感覚だった。

家に持ち帰った骨化石をふくむブロックを、水洗いして、軽くクリーニングしてみた。フラスコ型をしたその化石は、外縁近くまで、スポンジ状をした組織で構成されており、**改めて骨化石だと確認**。すぐに写真を撮って、恐竜にくわしい谷本さんに、産出状況をふくめて資料を送った。

谷本さんからの回答は、

「骨の緻密質*が非常に薄いのは、水に棲《す》む動物の特徴である。
たとえば、クジラやイルカの骨がそうであり、重力の影響《えいきょう》が少ない水中では、骨の外縁部が体重を支える必要が少ないため、厚くならない。
白亜紀セノマニアン紀の海中に棲んでいた大型動物は、おもに4種類。
ウミワニ
ウミガメ
魚竜
クビナガリュウの仲間
**今回の骨は、形状からクビナガリュウの仲間の肩帯《けんたい》か、腰帯《ようたい》の可能性が高い**。
クビナガリュウは日本ではほとんどの標本が、北海道や福島県の白亜紀層で見つかっており、九州からははじめてと思われる。**学問上貴重な発見だ**」
そして最後に、
「**まだ、骨の続きがあるかもよ……**」
と付け加えてあった。

＊骨繊維の密度が濃い部分のこと。

それからは、次の週末がくるのを心待ちにしながらも、さすがに3週連続で、自分一人で趣味にふけるのも気が引けた。

次回は、家族サービスの意味もこめて、妻と二人の子どもを連れて獅子島に渡ることにした。

**2月21〜22日**

はじめて乗る高速艇に子どもたちは大はしゃぎ。島に着き、宿泊する金毘羅《こんぴら》旅館に荷物を預けて、早速、家族で産地の海岸に向かった。

波もおだやかで、冬なのに気温も高く、絶好の化石採集日和だった。家族で楽しく海岸を歩いて、骨を見つけた現場に到着。

**獅子島幣串海岸での採集の様子**

アンモナイトや三角貝が多量に見つかる日本のライム・リージスともいうべき海岸。サツマウツノミヤリュウもここから見つかった

潮は引いており、岩盤の上に軽く砂がかぶっていたが、みんなでかき出した。

すると砂の下から、黒褐色の**背骨（椎骨《ついこつ》）と思われる骨が連続して出てきたのだ！**

大小10点以上の骨が、岩盤上に浮き出している！

最初の骨の発見時より、この時のほうがずっと興奮した。もしかしたら、この下に頭骨まであるかもしれないのだから……。

しかし、**大問題が発生**した。

骨化石は、長年、波に洗われ、非常にもろくなっていたのだ。中には持ち上げようとすると、グズグズと崩れる骨さえあった。

その日は一部の骨のみ回収し、岩盤の下に残る骨については、さらなる道具と応援者を

**砂をのけると出てきた骨（椎骨）の一部**

写真中央の黒い部分が椎骨

頼むことにして、今回の採集を終えた。

＊　＊　＊

もつべきものは友人たちだ。

当時住んでいた宮崎で入っていた宮崎化石研友会の仲間たちに、骨化石を発見したことは知らせていた。

特に親しく、よく採集に一緒に行っていた河野貴雅君に、クビナガリュウ発見の一報をし、最初に見つけた大型の骨を見せると、眼を輝かせながら回収作業への応援を快諾してくれた。

**2月28日**

海水を汲み出すポンプや、接着材、化石を収める発泡スチロールのケースなどを準備して、

**連続した椎骨を発見！**

親子で大興奮。冬なのに夏のような暑さの1日

河野君と二人、早朝から獅子島に向かった。

高速艇が幣串港に着くと、現場に直行した。ちょうど潮が引いており、採集作業にはベストの状態だった。

早速、表面に積もった岩や砂利をかき出していくと、前回の作業で残された岩盤が出てきた。表面には、はっきりと骨の断面が現れている。

**二人とも興奮していた**。

黒光りする骨の化石を前に武者震いした。岩に入っているものの、骨は水分をふくみ、非常にもろくなっていた。

今回は接着剤を大量に持参していた。化石の表面を接着剤で固めながら、岩を剝がし、発泡スチロールのケースに収めていく。

**クビナガリュウの産状**

河野君が指さす岩盤に骨が続いている

主に頸骨《けいこつ》と思われる骨が連続して出てきた。**約2メートル四方の骨の層**のようなものがあり、それがまだまだ地中深く続いているようだ。

下に掘り進むほど、海水がわいてきて作業は難航した。

その日の作業は、潮が満ちてくるとともに終え、旅館に帰ることにした。翌日、宮崎化石研友会のほかのメンバーも合流して、発掘に協力してくれることになっていた。

島での宿泊は金毘羅旅館を常宿としていた。アットホームで、名物の魚料理が新鮮でおいしいのが気に入っている。

その夜は、風呂でさっぱりしたあと、海鮮料理をさかなに二人で祝杯を上げた。化石の話で盛り上がっていると、広間の後ろのグループから、「〈百年の孤独〉が手に入った……」という声が聞こえてきた。

僕らの地元、宮崎の酒だなあと、聞くとはなしに聞いていると、どうやら町役場の人たちらしい。

こっそり旅館の女将《おかみ》さんに聞いてみると、町の建設課の人たちで、島で問題になっている採石場の協議に来られているようだった。

実は僕たちも大物を発見したものの、そろそろ個人の手には負えない状況になってきていた。

これも何かの縁だと思い、後ろの席に挨拶《あいさつ》に行った。突然だったが、宮崎の地酒がとりもつ縁で、僕たちも町役場グループの輪に混ぜていただいた。

ころあいをみて、クビナガリュウの話を切り出した。

役場の人たちは、とってもびっくりしたようだ。島からはアンモナイトや貝の化石はたくさん出るが、竜が出たのはじめてだ。これは一大事、ということになった。

縁というのは不思議なもので、翌日、この金毘羅旅館で町の会合と懇親会があり、町長や議員の皆さんが勢ぞろいするという。

その場でクビナガリュウ発見の件を報告することになった。

翌日には、宮崎化石研友会のメンバーと僕の妻子まで、この旅館に集まることになっていた。

翌日、昼前の高速艇で獅子島に到着した宮崎化石研友会のメンバーと僕の家族は目を白黒させた。旅館に着くと、町長や議会の懇親会に招待された格好になっていたのだ。

そこで獅子島からクビナガリュウが出たという報告がされた。

## マスコミ発表までに

思わぬかたちで、東町とのパイプができた。行政の支援が得られることになったので、次は今後の発掘とマスコミ発表をどうするかが課題となった。

発表を急いだのは、今の営業所に赴任して8年が過ぎ、そろそろ転勤という噂《うわさ》があったからだった。

どうしても、この件だけは自分が近くにいるうちにかたちにしたかった。

しかし、骨化石の一部を回収したとはいっても、骨の大部分は岩の中にあり、神経を使うクリーニング作業をしなくては化石の形状を知ることはできない。

通常、このような大型動物化石を発見した時には、数年かけてクリーニングを行い、その後の研究が進んでから発表するというケースがほとんどだ。

悩んだすえ、谷本さんに相談した。

谷本さんからは、「まず、特徴が出る背骨（椎骨）の比較的保存のよいものを集中的にクリーニングして、目星をつけよう」という案が出された。

ほぼ9割方クビナガリュウだが、より確証を得たい。そして体のどの辺りの背骨かをまず知りたい、とのことであった。

作業は難航をきわめた。

2月末から、本業の仕事が多忙をきわめ、休みが取れない状態が続いていた。

しかし、少しの時間を見つけては、**自宅マンションのベランダで、一人コツコツとクリーニングを進めた**。

本格的な機械や場所はないが、小タガネで手に伝わる微妙な感覚を頼りにして余分な岩を取りのぞいていく。

一部が欠けているものの、徐々にひとつの背骨のほぼ全体が現れた。

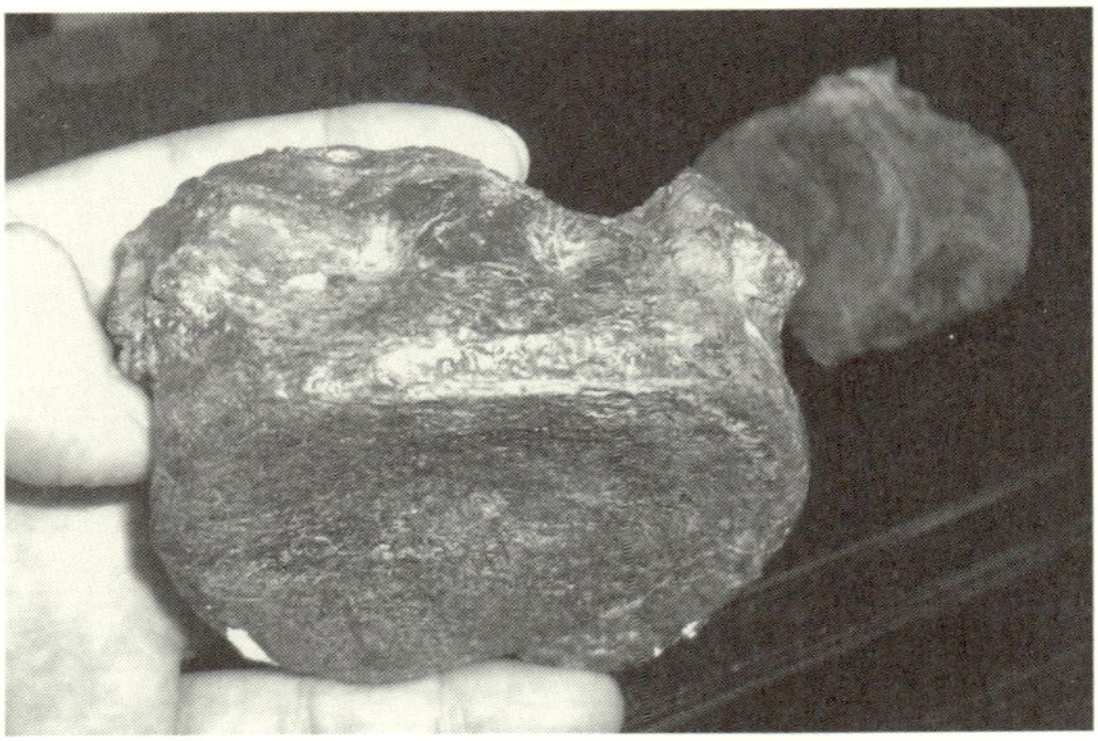

**最初にクリーニングに着手した椎骨のひとつ**

腹側面の左右一対の穴の存在がクビナガリュウの証拠のひとつ。関節穿の位置から頭椎と判断された

中央に2つのくぼみのある、鼓《つづみ》のような骨の写真を再度、谷本さんに送った。

谷本さんからは、さらに興味深い回答がきた。

「骨の特徴から、ほぼ**クビナガリュウであることはまちがいないだろう**。しかも、頸《くび》の椎骨の可能性が高い。

クビナガリュウは、頸の長いプレシオサウルス科と、クビナガリュウなのに頸の短いプリオサウルス科の2科に大きく分けられる。

プレシオサウルス科のクビナガリュウの頸の骨は、前後に長いという特徴があり、今回の標本はこれにほぼ該当するだろう」

そして、この標本の学問的な位置づけの究明には、日本のクビナガリュウ研究の第一人者、香川大学の仲谷英夫博士（現在は鹿児島大学）の力をお借りするのが最善だ、ということをアドバイスしてもらった。

発見から、約一カ月半が経っていた。

**4月22日**

九州ではじめてのクビナガリュウの発見だ。

ここまで物証がそろえば、次はマスコミ発表だ。

東町の根回しで、発表は4月22日、鹿児島県庁の記者クラブでということになった。

記者発表には、多くの新聞、テレビがかけつけた。太古のロマン発見のニュースに寄せる人々の関心の高さに改めて驚いた。

東町からは、クビナガリュウの発掘団を結成し、残りの骨の回収、クリーニング、学術的研究、そして恒久《こうきゅう》的保存施設の建設と展示をするとの発表があった。

僕も、発見当時の状況や感想を質問された。約1時間の発表後も、予定を延長して、同席していただいた谷本さんと僕は記者の質問攻めにあった。

鹿児島県庁記者クラブでのマスコミ発表

その夜のテレビや翌朝の新聞で、**「九州初のクビナガリュウ発見」のニュースは大きく報道された**。

まもなく「獅子島地区海生爬虫類調査研究委員会」が結成された。委員会は、谷本さん、仲谷英夫博士、高知大学の近藤康生博士、獅子島中学校校長の有島悟さん、鹿児島県立博物館の桑水流淳二さん、そして僕、というメンバーで発足し、5月末から本格的な発掘調査がスタートした。

**5月30日**

東町による第1回目の発掘作業が、東町社会教育課の差配の下、現場での作業は、高知大学の菊池直樹さんと大学院生を中心に行われることになった。

自分が発見した化石の発掘を他人にゆだねることは、正直いって抵抗感があった。しかしそんな不安は、菊池さんにお会いしてお話ししてみてふっとんだ。彼は化石への深い知識をもち、現場をよく知っていた。

まず、現場での正確な産出地点をマーキングするための実測作業が行われ、その作業完

**▲地元テレビ局も取材に**

発掘の状況が鹿児島県下で放送された。この日は連続する椎骨と大型のアンモナイトが発見され話題になった

**◀竜穴での発掘調査の様子**

椎骨を発見した位置を記録しているところ

了後、発掘作業が開始された。

**大がかかりな作業がスタート**したのだが、僕や宮崎化石研友会でのこれまでの回収作業で、あらかた見える骨は回収している。マスコミも取材に来ているのに、**何も出てこなかったらどうしようと、すごく心配だった。**

海水をポンプで汲み出しつつ、表面の泥《どろ》をかき出していった。

2時間くらいすると、岩盤に骨の断面が現れた。化石はさらに下のほうに埋まっている。

おそらく、クビナガリュウは、その体の半分以上もある**長い頸を地中につき立てるようなかたちで埋まっている**。体長6メートルなら3メートル以上の骨が地下に埋まっていることになる。

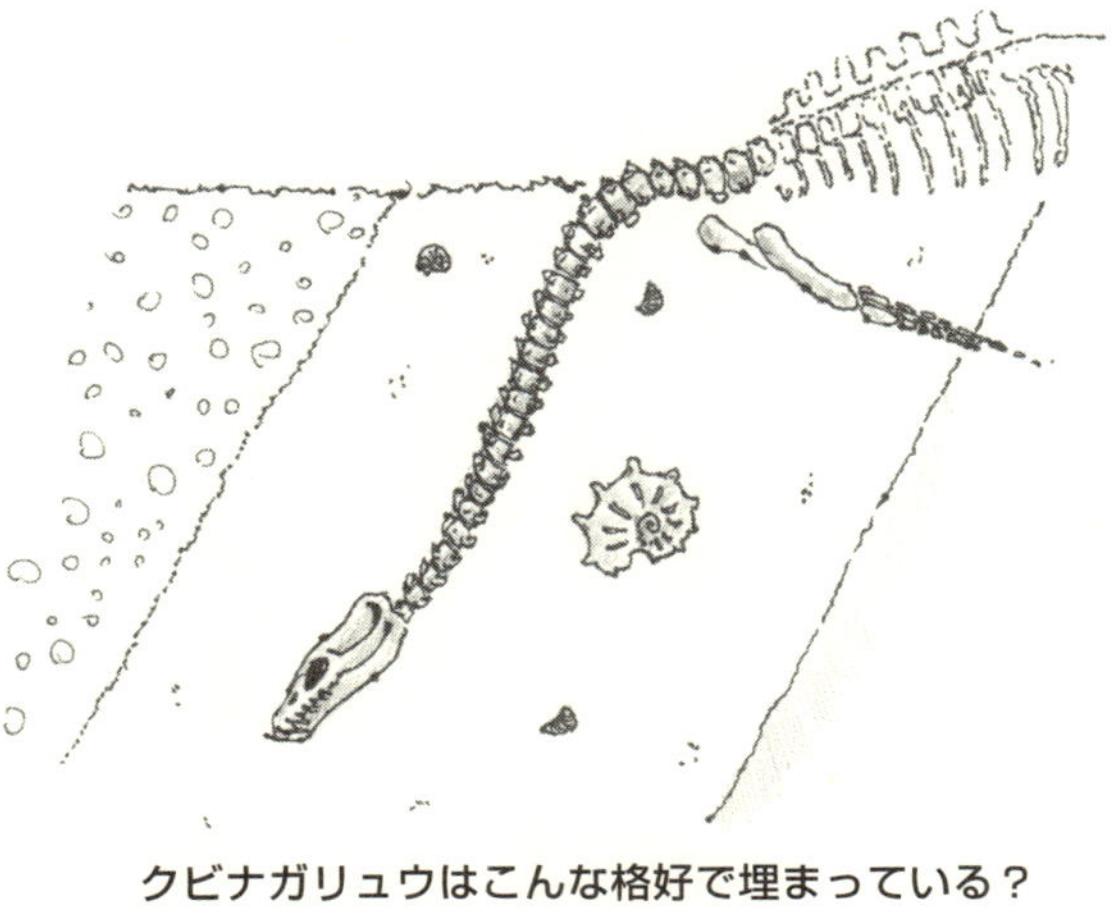

クビナガリュウはこんな格好で埋まっている？

**長期戦が予想された**。

もろい岩盤の割れ目に粘土《ねんど》がたまり、慎重《しんちょう》に表面を調べないと化石の有無がよくわからない。

骨は岩との分離が悪く、時としてグズグズともろくなっているため、大量の接着剤で表面を固めながらの発掘となった。

生物の特徴は、歯に現れる。**何とか1本でも歯を見つけたい**。

発掘時に出る石は、徹底的に小割りされた。

数は少ないものの、クビナガリュウの骨以外にも、当時の海底の生物群を想像させる化石が続々と出てきた。*

グレイソニテスやデスモセラスといった種類のアンモナイト、ウミユリやウミガメ。白亜紀の海底はさぞかし、にぎやかだったことだろう。

発掘作業と並行して、東町、特に獅子島の住民の方々や子どもたちに、発掘現場を生で見てもらおう、ということになった。

東町ティラノサウルス探偵《たんてい》団と名づけられた、子どもたちの体験グループには、東町に

＊132〜134ページに、当時の海底の生物群が想像できる獅子島産出のおもな化石を掲載している。

住んでいる子どもたち中心に約50名が集まった。

子どもたちは、クビナガリュウ発掘現場で、発掘の状況の説明を聞いたあと、手に手にハンマーをにぎり、周辺で化石探しを行った。すぐに、あちこちで、子どもたちの歓声が上がった。

三角貝やアンモナイト、そしてめずらしいオウムガイを見つける子どもたちもいた。皆、眼を輝かせて夢中で化石を探している。

ふと、自分が小学校の時、はじめて上勝町へ化石を採りに行ったことを思い出していた。この中で何人かでも、化石採集をライフワークとしてくれる子が出てくれれば、島で研究者が育ってくれれば、と願わずにはおられ

**東町ティラノサウルス探偵団**

東町の子どもたちを集めて現地説明会を行った。翌年には鹿児島県下から大勢の子どもを集めて体験発掘会も行われた

ない。

島民の皆さんへの説明会も行いながら、発掘作業も順調に進んでいった。


椎骨と思われる骨は、多少のズレはあるものの、**ほぼ連続して地中から姿を現していた**。ほとんどの骨は、クリーニングしないと全容がわからない状況だったが、中には鼓状の椎骨が、コロリと出てきたりした。

次第に、**竜穴**《りゅうけつ》（クビナガリュウを発掘した後の穴）は深く広くなっていった。

現場が海岸にあるため、一度、潮が満ちると小さなプールのような状態になる。そのつどポンプで水を汲み出してからの作業になり、困難をきわめてきた。

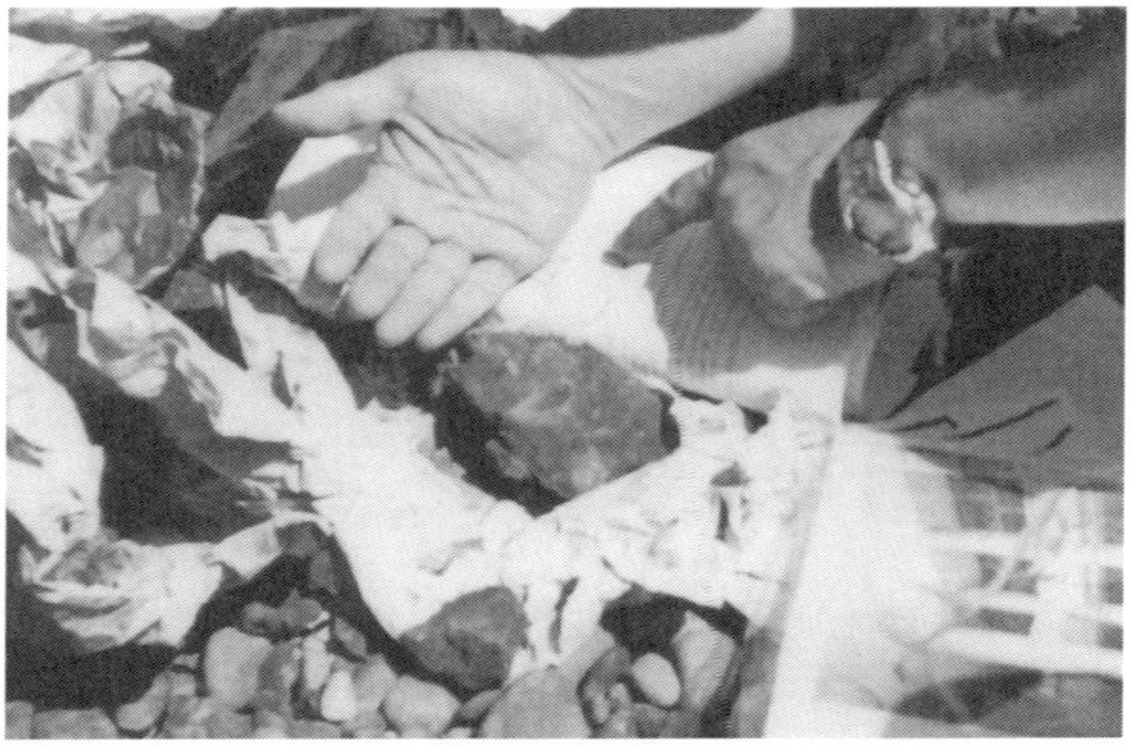

**クビナガリュウの椎骨の産状**

竜穴から発掘中、コロリと出てきた椎骨のひとつ（真ん中のかたまり）。鼓状の形をしている

**▲竜穴での発掘風景**

ポンプで海水を汲み出し、下への発掘を進める。高知大学と東町のメンバーを主力に実施

**◀クビナガリュウを産した地点**

発掘作業が進み、大きな穴となっている。満潮時には水没してしまうため、定期的に重機による土砂のかき出しが必要だった。化石周辺のデリケートな部分は手作業で発掘

化石が連続していると思われるボーンベット（骨をふくむ地層）は、手作業で慎重に作業を進めるものの、周辺の岩盤の掘削《くっさく》には重機を使うことになった。

さすがに機械を使うと仕事が速い。竜穴に崩れ落ちた岩や砂が、見る間にかき出されていく。

作業が進んでいくと、**いつか頭骨が出るのでは**、という淡い期待が皆の心の中にわいてきた。

しかしクビナガリュウの頸は長い。なかなか頭骨まではたどり着かない。

**1日かけて椎骨1～2個を回収すればベスト**のような状態が続いた。

エラスモサウルス科のクビナガリュウとなると、**頸の骨だけで50個を超える**と考えられる。頭骨はまだまだだ。

現場での回収作業と並行して、クリーニング作業が菊池さんにより進められていった。

その後も、高知大学のグループによる発掘は続き、頸骨と思われる骨が連続して産出していた。

先に僕が回収していた竜骨は、大切に管理し、十分な展示施設を設けることを条件に、町に寄託することにした。この標本のクリーニングも同時に高知大学で進められている。

一連の作業への僕の参加はすべて、会社の休日の土日を中心に行った。交通費以外はボランティアだ。

**2005年3月1日**

転勤の内示を受けた、新転地は金沢だ。来るべき時が来た。サラリーマンの宿命である。

心残りだったのは、獅子島での発掘作業だ。

**自分の目で頭骨が出るところを見たい**。

だが、残念ながら、高知大学のチームと東町のスタッフにお任せするよりない。後ろ髪引かれつつ、宮崎の地を後にした。

**7月**

ある日、東町から連絡があった。

発掘現場から**2本の歯が出てきた**という。

これらのサンプルを、仲谷博士に鑑定してもらったところ、比較的長い頸椎の形状や、細長く縦に筋の入る歯の形状から、クビナガリュウの中の**エラスモサウルス科であることが確認**された。

夏以降も発掘は続き、大づめの作業にかかりつつあった。

現場との電話でのやりとりで、順調に作業が進んでいる様子が伝わってきた。

**9月16日**

チームはついに、連続した頭骨のその先に、**下顎《したあご》のついたブロックを地中から取り出すことに成功**する。

30センチ角のブロックを取り上げると、**何本もの黒光りする牙**がのぞいていたそうだ。

僕も立ち会いたかった。

クリーニング作業は、この下顎をふくむブロックを中心に、年末から2006年年頭まで続けられた。

北海道や福島県をはじめとして、国内でのクビナガリュウ化石の発見例は多いとされているが、そのほとんどが部分的な骨片で、エラスモサウルス科だと断定された標本はわずか5例、顎骨をふくめた頭骨の発見例はたった4例しかない。

クビナガリュウ見つけた!!

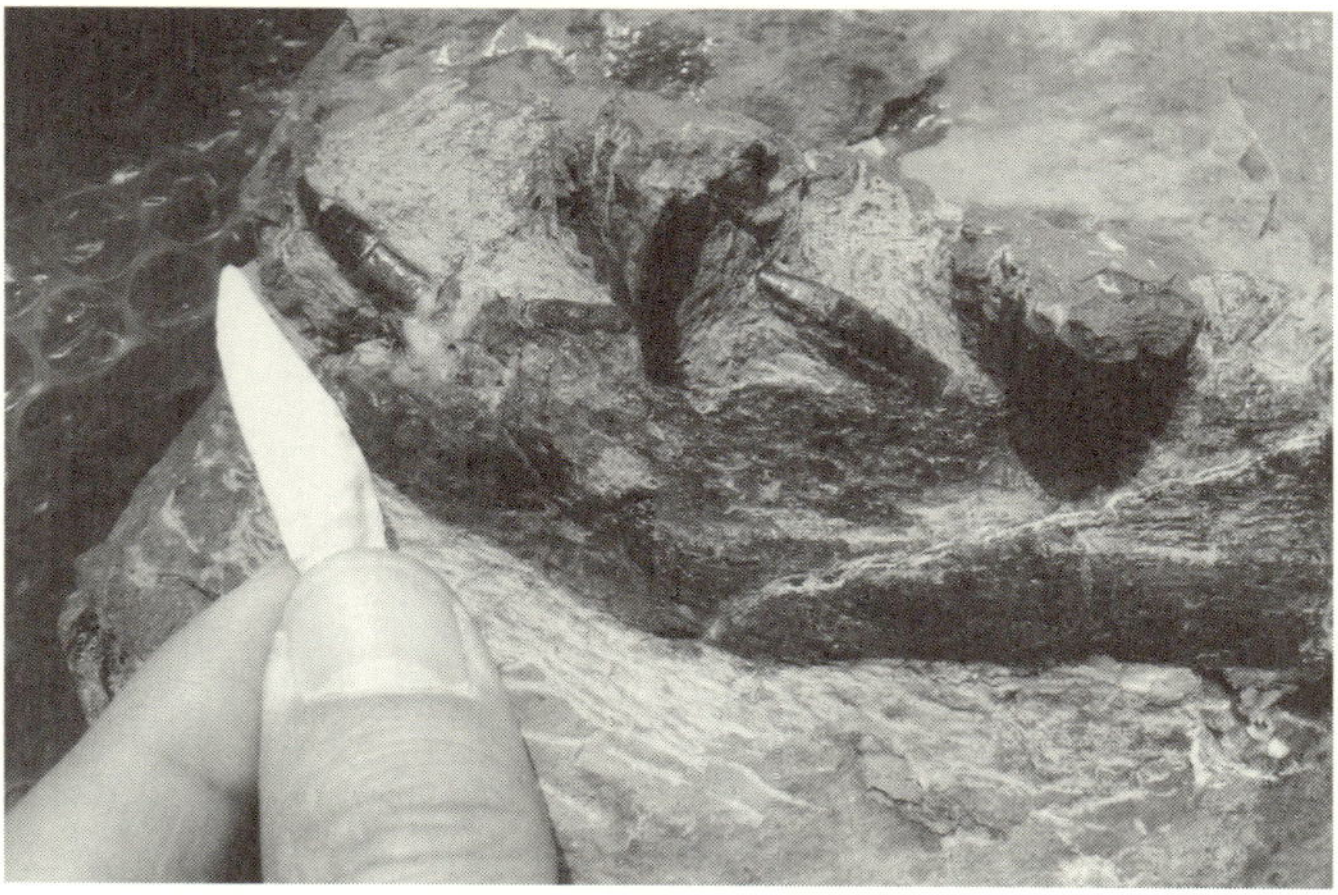

**サツマウツノミヤリュウの下顎化石**

鋭い牙が並び、魚やアンモナイトを噛んだら離さないようになっている。手に持っている白い歯は、北海道中川標本のレプリカ

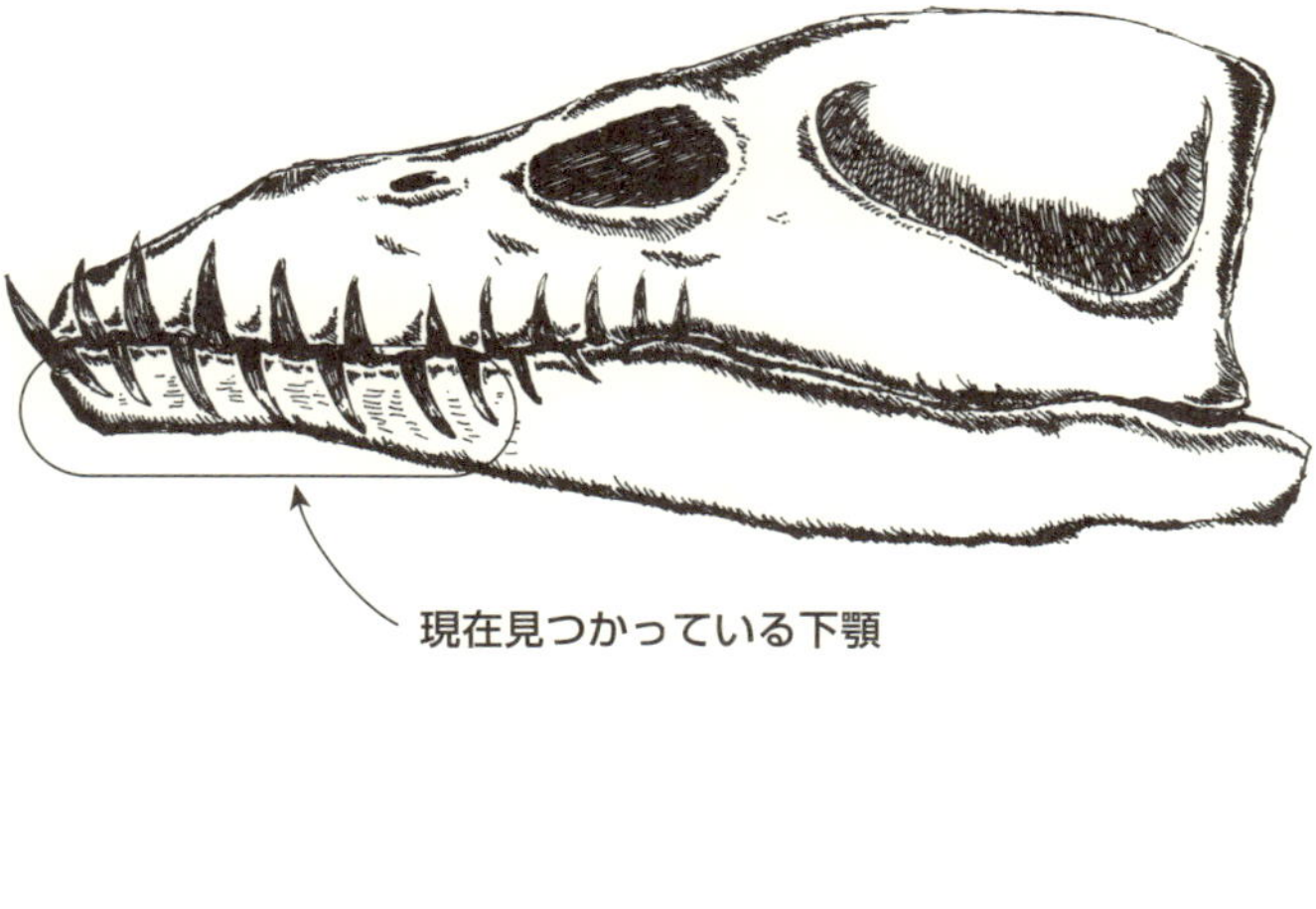

下顎発見の知らせを聞いて興奮した。

**2006年1月29日**

3度目のマスコミ発表に出席するために鹿児島入りした。

僕はまだ下顎の現物を目にしていなかった。

クリーニングにあたった菊池さんからは、「頭骨の一部としては、**フタバスズキリュウ***

**に次いでよいでしょう**」と聞かされて、想像をたくましくしていた。

マスコミ発表前に行われた、獅子島地区海生爬虫類調査研究委員会の席上で、はじめて

その現物を見た。

厳重に梱包《こんぽう》された標本の荷を解くと、茶褐色の岩にはっきりとした下顎骨と、そこから

黒光りする鋭い牙が数本つき出していた。

思わずその**エナメル質の光沢に見とれた**。

なるほどこの牙なら、アンモナイトや魚は逃げられまい。

委員会では、標本の今後の調査、保存についての議論がおもになされた。

＊1968年、福島県いわき市の白亜紀層（双葉層群サントニアン）で発見された
クビナガリュウ化石。日本の脊椎動物化石研究上、最も重要な発見のひとつ。

それから、今まで獅子島標本と呼んでいたこのクビナガリュウの標本に、正式に「**サツマウツノミヤリュウ**」と名前をつけることで合意した。

**化石ハンター最高の名誉**である。

マスコミ発表されたものの、標本のクリーニングは一部を終えただけである。また、その学問的研究は今始まったばかりだ。そして「サツマウツノミヤリュウ」の標本を、鹿児島の宝として大切に保存し、公開していただけるよう願っている。

2006年10月、高知大学で開かれた日本地質学会で仲谷英夫博士から学術報告がなされた。

それによると、サツマウツノミヤリュウは顎骨の大きさや細長い歯の形状、比較的長い椎骨をもつことから、プレシオサウルス上科のエラスモサウルス科に同定され、**同科としては国内最古の標本**とされた。

大きさは北海道小平産標本と同程度の5〜6メートルと推定された。

今後のクリーニングで頭部をふくむブロックがさらに摘出されれば、さらに分類学的な研究が進むだろう。

# 獅子島から産出した化石たち

**デスモセラス**

密巻でヘソが小さいアンモナイト。獅子島では多産する。小型の標本は密集してノジュールから産出する（上）が、比較的大型の個体（下右）は単体で産出する。上の標本では、ノジュール中に100個近く入っていた。下左は、上の化石の全体像［白亜紀セノマニアン　下左：ノジュール直径15cm、下右：直径4cm］

◀海岸で波ずれしたノジュール。表面にアンモナイトの断面が見えている。気室部が方解石で充填されているのが観察できる［白亜紀セノマニアン　直径12cm］
▶マリエラ。おもに塔状の巻き方をするツリリテス超科に属する異形巻アンモナイト［白亜紀セノマニアン　長径10cm］

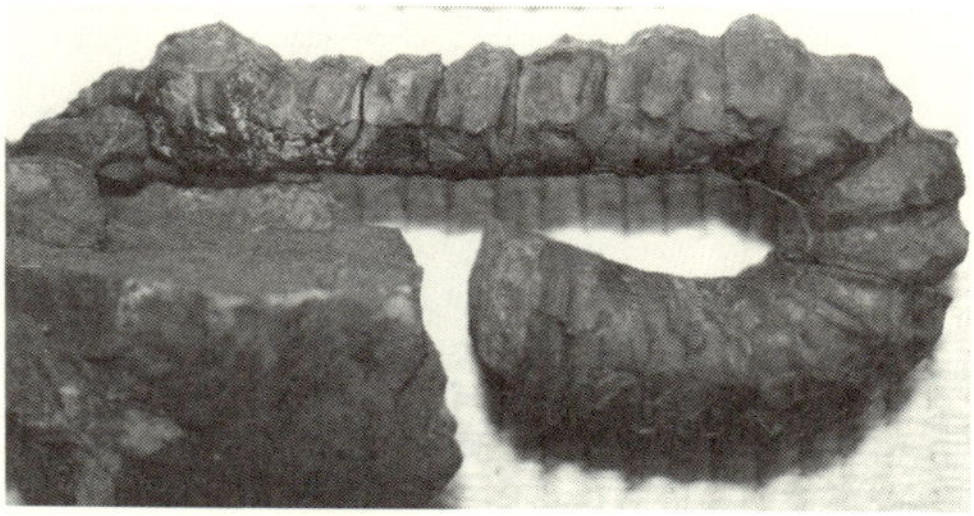

復元図

**アニソセラス**

初期はゆるく塔状に巻き、住房がU字に垂れ下がるタイプの異形巻アンモナイト。するどい刺が全体をおおっている。下は背面［白亜紀セノマニアン　長径12cm］

**オウムガイの仲間（左：側面、右：背面）**

ユートレフォセラス亜科にふくまれると思われる。アンモナイト（グレイソニテス）とともに産出した。ほかにも、筋のある殻をもつキマトセラス科のオウムガイも同地点から産出している［白亜紀セノマニアン　直径13cm］

**プテロトリゴニアの仲間**

翼が重なったように見える両殻標本。クビナガリュウ産地のすぐそばから産出した［白亜紀セノマニアン　左右7cm］

**二枚貝**

クビナガリュウを産した幣串層とはちがう姫の浦層から産出した大型の二枚貝。20cmを超えた両殻がそろった標本［スフェノセラムス・シュミッティ？　白亜紀カンパニアン　長径20cm］

# クビナガリュウの基礎知識

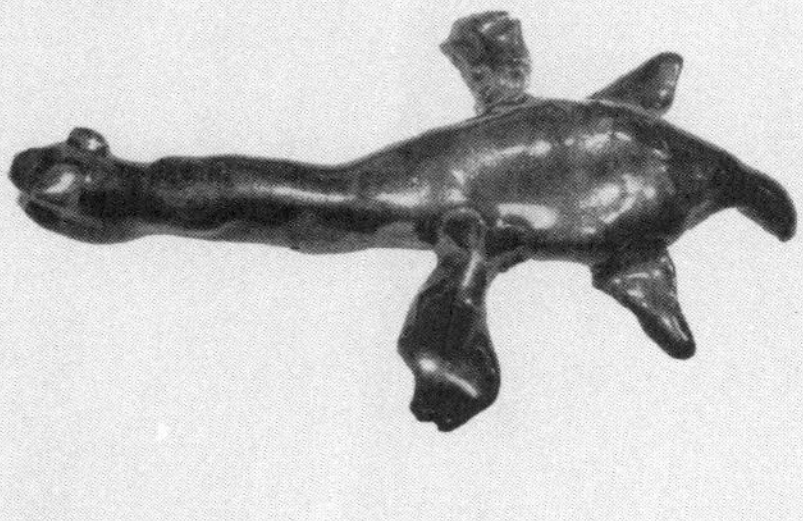

## ●クビナガリュウは恐竜か？

２００６年春、「ドラえもん　のび太の恐竜」がリメイクされて放映された。主役のピー助は、フタバスズキリュウの子どもということになっているが、実はクビナガリュウは恐竜とはちがうグループ（首長竜類）に分類されている。

クビナガリュウは恐竜と同じ爬虫《はちゅう》類だが、頭の骨の構造が恐竜とは大きく異なっており、また、前後のヒレが水中生活に適した形に変化している。

クビナガリュウは大きく、非常に長い頸《くび》をもつプレシオサウルス上科と、頸が短く頭の大きいプリオサウルス上科に分けられる。

「サツマウツノミヤリュウ」は、プレシオサウルスの仲間のエラスモサウルス科にふくまれる。

エラスモサウルスの仲間には、頭の骨が最大70個以上にもなる種もいた。

## クビナガリュウの大きさは？

エラスモサウルスの仲間は最大15メートルほどの体長だったと考えられている。

「サツマウツノミヤリュウ」の体長は、下顎《したあご》の骨から推定して約6メートルだったと考えられている。この体長は、北海道小平《おびら》産のものと同程度だ。

日本最大のクビナガリュウは、北海道穂別《ほべつ》産の標本で、約11メートルと推定されている。

## 何を食べていた？

クビナガリュウの胴体《どうたい》部の化石からは、多くの胃石《いせき》（体を沈めるために使ったり、消化

**北海道小平町産クビナガリュウ標本（白亜紀サントニアン）**

復元図をもとに製作されたもの。サツマウツノミヤリュウと同じくらいの大きさだ
写真=谷本正浩氏、復元=仲谷英夫博士、協力=小平町社会教育課、西尾製作所

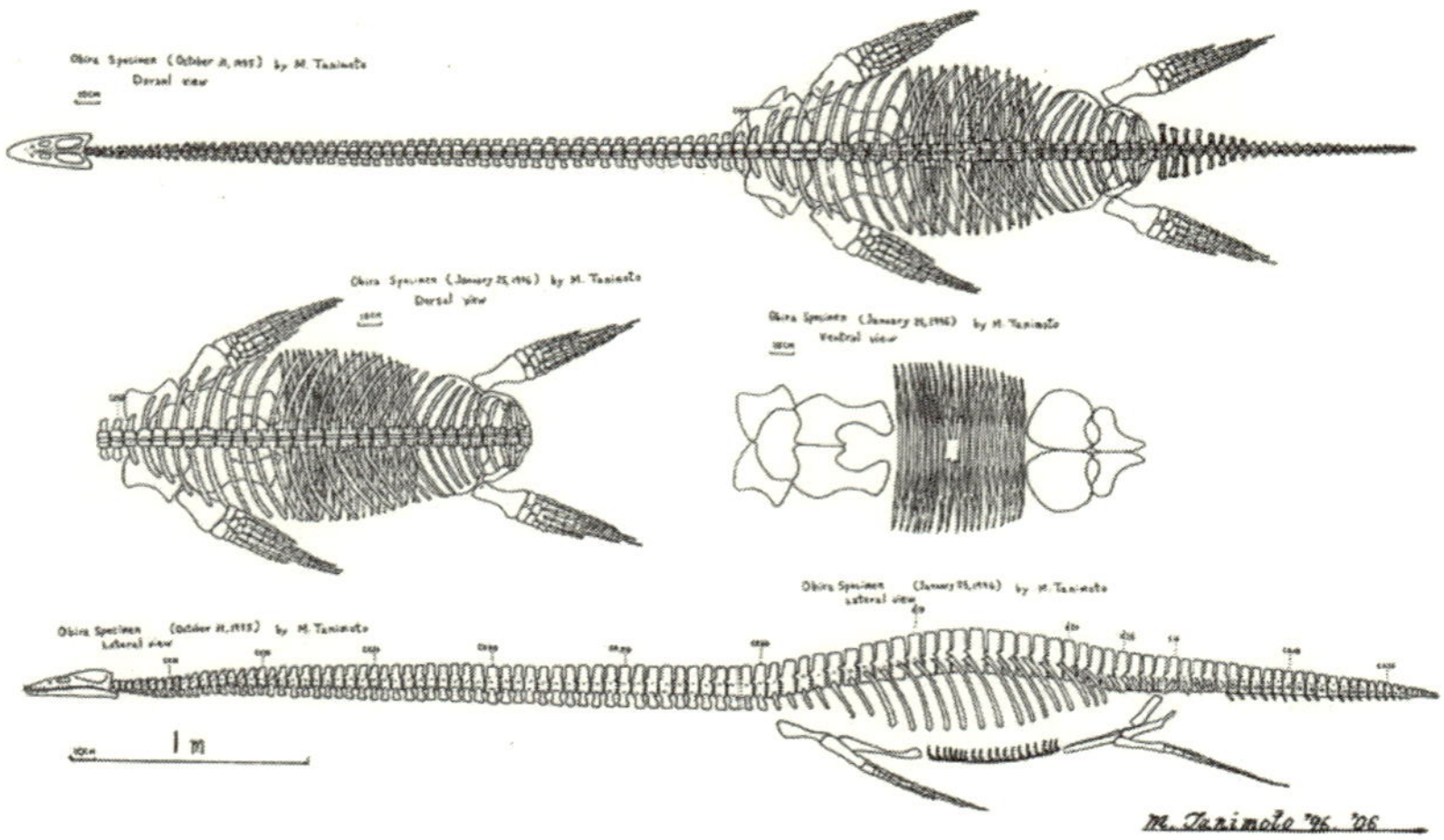


**小平町産クビナガリュウの復元図**

エラスモサウルスの仲間で非常に頸が長い
谷本正浩氏、仲谷英夫博士による　協力=小平町社会教育課、西尾製作所

を助けるために飲みこんだと思われる石）とともに、アンモナイトやコウモリダコのカラストンビが見つかっている。おそらく、これら頭足《とうそく》類をおもに食べていたのだろう。

獅子島のサツマウツノミヤリュウ発見現場からは、グレイソニテスという中型のアンモナイトがともに産出している。ひょっとしたらクビナガリュウのエサだったのかもしれない。

エラスモサウルス類の長い頸はおそらく、エサを取るのに便利なように発達したと考えられている。

イカやアンモナイト、魚の群れの中にそっと近づいたり、海底近くのエサをとるには、この長い頸が役立ったことだろう。

## ●どこに住んでいた？

以前のクビナガリュウの復元図には、アザラシのように海岸に上がっているものが多く見られた。

しかし、その後の骨格の調査から、巨体であり長い頸を陸上では支えきれなかったと考えられるようになり、現在ではその一生を海の中で送ったと考えられている。

おそらく出産も、海中でイクチオサウルス類のように卵胎生《らんたいせい》（お腹の中で卵をかえし、出産すること）だ

クビナガリュウ復元図

ったのかもしれない。

## クビナガリュウはネッシーのように海上に頸を上げられたか？

最新の学説ではプレシオサウルス類は、頸椎の関節の関係で頸は基本的に下側に向けて曲がりやすい形状になっており、上方には曲げにくく、海上に頸を上げられなかったという学説が出ている。

もっぱら海底の獲物や捕獲物を食べる、水中に浮かぶ掃除機のような生き物だったらしい。

## 滅んだのはいつ？

白亜紀末（6550万年前）に恐竜とともに滅んだと考えられている。

白亜紀末には、クビナガリュウと生息環境と食物が重なり、より強力な顎をもつウミトカゲ類に、その位置をおびやかされていたことだろう。

白亜紀末の地層が分布する和泉《いずみ》層群では、淡路島のカンパニアンまではクビナガリュウの歯化石が見つかっているが、それ以降の地層（マーストリヒシアン）からは、主にモササウルスが発見されている。これは、カンパニアン以降、ウミトカゲ類が優勢になったことを示していると考えられる。

## ●日本で見つかっているクビナガリュウ化石は？

おもに北海道各地の白亜紀層と福島県の白亜紀層（双葉《ふたば》層群）から発見されている。それ以外では、富山県、長野県に広がる来馬《くるま》層群からの数本の歯化石、香川県の和泉層群からの上腕《じょうわん》骨と淡路島からの数本の歯化石がすべてだった。

最も古いのは、来馬層群産出の歯化石だが、属種は不明。

サツマウツノミヤリュウは、福島以西、特に九州ではじめてまとまって発見された標本で、白亜紀日本最古、エラスモサウルス科としては日本最古の化石だ。

## おもなクビナガリュウ化石発掘年表

1823年　イギリス南部、ライム・リージスの海岸で女性化石発掘家メアリー・アニングにより、世界初のクビナガリュウ化石（プレシオサウルス）が発見される。（大英博物館自然誌博物館に展示されている）

1824年　メアリーの標本をもとにウィリアム・ダニエル・コニベアらにより「プレシオサウルス・ドリコディルス」と命名される。

1926年　徳永重康博士らにより、福島県いわき市の双葉層群から日本ではじめてのクビナガリュウ化石の報告。標本は太平洋戦争の戦火で消失。

1968年　鈴木直氏により、福島県いわき市入間川でまとまったクビナガリュウ化石が発見される。標本名「フタバスズキリュウ」。白亜紀サントニアン。

1975年　北海道穂別山中から荒木新太郎氏により、標本名「ホベツアラキリュウ」発見。１９８９年に、仲谷英夫博士によって、日本ではじめて論文に記載され、発表された。エラスモサウルス科とされ、現在、穂別町郷土資料館に保存展示されている。

１９８５年　川下由太郎氏により北海道稚内市東浦から、標本名「ソウヤカワシタリュウ」発見。エラスモサウルス科。白亜紀セノマニアン中期。

１９８６年　富山県、長野県に広がる来馬層（ジュラ紀）の転石から、科属未定の数本の歯化石が発見される。１９９０年には産出した地層が特定できる標本が得られる。

１９８７年　北海道小平町でクビナガリュウの下顎、四肢骨、椎骨が見つかる。白亜紀サントニアン。

１９９１年　北海道中川町で頭骨の一部、椎骨、肩帯、四肢骨が見つかる。小川香さん、仲谷英夫博士により、エラスモサウルス科のモレノサウルス属とされる。白亜紀カンパニアン。

２００４年　**鹿児島県獅子島で標本名「サツマウツノミヤリュウ」発見**。白亜紀日本最古のエラスモサウルス科化石と認定。九州からははじめての産出。ユーラシア大陸東部では最南での発見。白亜紀セノマニアン前期。

２００６年　イギリス古生物学会誌に、佐藤たまき博士たち研究チームによって、「フタバスズキリュウ」が新属新種「フタバサウルス・スズキイ」として正式に記載される。記載までに実に38年の年月を要した。

あなたは
# どのタイプのコレクター？

もし恐竜でも展示できるような大邸宅に住んでいるのならべつですが、日本の住環境はそれを許さないでしょう。工夫して、次のようなコレクションをしている人がいます。

### ①エリア派

自分のフィールドをもち、そこから産出する化石を幅広くコレクションするタイプ。

### ②採集品限定派

自分の興味の対象を限定して、それのみを深くコレクションするタイプ。サメの歯、サンゴ、カニ、三葉虫、アンモナイトなどのコレクターが多い。

### ③マイクロマウント派

プレパラートにできる化石やミクロの化石を中心に集め、実体顕微鏡でのぞいて楽しむ、超マニアックなタイプ。

### ④トータルななんでもこい派

日本のみならず世界中の化石を、購入もふくめて収集するタイプ。
お金と住空間に余裕のある人が多い。

化石の世界は幅広い領域をふくむため、自分のフィールドを定め、採集し研究する対象を深く掘り下げていくのが理想でしょう。でも、コレクションの対象を限定しないのもOK。自分が楽しむことが一番大切です。

# 家庭と仕事と化石、すべてがうまくいくコツ

家庭＝仕事＞趣味の順番は大原則。

家庭と仕事を大事にしてこそ、趣味も楽しめるものと思います。

化石採集は、基本的に休日に出かけます。多忙な仕事の間隙をぬって採集を敢行していますが、最近は仕事柄なかなか休みがとれず、年間数日が採集実働日数という悲しい状況です。

でも、まだまだ夢はたくさん！　これからも未知の化石との出会いを楽しみにしています。

また、なるべく職場で迷惑をかけないようにと思っていますが、どんなところでごやっかいをおかけするかわかりません。包みかくさず自分の趣味を白状し、ご理解いただくように努力しています。幸いにも、社内報や社内テレビで取り上げていただいき、みなさん温かい目で見てくださっています。多謝。

家族と行く場合は、化石採集はほどほどに、まずみんなで楽しむことが最優先、と心がけます。（そうすると、一人で出かけるときも気持ちよく送り出してもらえますよ。）

それから、自分の趣味を無理じいしないこと。これが家庭円満のヒケツです。

# おわりに

今まで採集した化石を一つひとつ手にとれば、どの化石からも産地の風景や採集にかかわった方々の顔が浮かんでくる。

趣味をもつということ——よい意味での道楽（道を楽しむ）が、僕の今までの半生を彩《いろど》り、深いものにしてくれた。

しかし現代社会は情報化の名の下に多忙をきわめ、趣味は仕事の遠い先にはじき飛ばされそうになっている。

だからこそ**趣味の復権を叫びたい！**

趣味は仕事との両の車輪だと思う。趣味が心を豊かにしてくれるから、仕事に向かう活力もわいてくる。どちらもうまくいってこそ日々の暮らしが充実すると思うのだ。

世の中には、本業をもちつつも、趣味の世界でプロ顔負けの活躍をされている人々が大勢おられる。そういう諸先輩方を尊敬し、自分もそうなりたいと願っている。

「サツマウツノミヤリュウ」を発見したことで、鹿児島の大勢の子どもたちに、化石採集《ストーンハンティング》の愉しみについて講演する機会があった。

みんな大変キラキラと輝く瞳で僕の話を聞いてくれた。

この中から、そしてこの本を読んでいただいた多くの方から、化石を愉しむ方たちが生まれ育ってくれれば本望だ。

現在の勤務地は北陸の金沢。家族で金沢で暮らしはじめて1年半になる。

マンションの窓からは遠く白山が望める。

実は白山は日本でも有数の恐竜化石の宝庫なのだ。まだまだ未知の化石との出会いがあるにちがいないと、ワクワクしている。

最後に、本書を作るにあたりサポートしていただいた築地書館の橋本ひとみさん、僕の趣味を理解し応援してくださった職場の同僚たち、そしてなにより僕を長年にわたり支えてくれたわが両親と最愛の妻と子どもたちに心から感謝の意を表したいと思います。
（１３５ページのクビナガリュウの塑像は、息子が４歳の時につくったものです。）

宇都宮　聡

２００６年11月　金沢にて

## 謝辞

これまでの僕の化石人生で、ほんとうに多くのすばらしい方々に出会い、たくさんのことを学ばせていただきました。すべての方のお名前をあげることはできませんが、心より感謝いたします。なお、敬称は略させていただきました。

足立富男
磯部敏雄
伊東嘉宏
井内昌樹
大江　巖
大江順子
岡山清英
沖津　昇
金澤芳廣
川下由太郎
河野公英
河野貴雅
菊池直樹
岸本眞五
木津川計
釘崎清一郎
児玉新一
後藤仁敏
近藤康生
榊原和仁
佐藤政裕
重黒木一夫
鈴木千里
仙才良人
橘　有三
田中　猛
谷本正浩
土岡健太
鶴田憲次
土江田佑三郎
仲谷英夫
児子修司
浜田隆士
浜田幹雄
浜田百子
坂東祐司
平田泰祥
藤原　卓
益富寿之助
松田清孝
松本哲雄
宮本淳一
柳田裕二
山岸　悠
山本琢也
吉國耕二
吉原日平
吉原道子
鹿児島県東町（現長島町）の皆さま

益富寿之助・浜田隆士『原色化石図鑑』保育社、1966年
村上　隆「よみがえるクビナガリュウ」穂別町立博物館協力会、1983年
森　啓『サンゴ　ふしぎな海の動物』築地書館、1986年
横井隆幸『北海道のアンモナイト』個人出版、1990年
吉川惣司・矢島道子『メアリー・アニングの冒険』朝日新聞社、2005年

## おもな参考論文

Goto M., T. Uyeno & Y. Yabumoto (1996) Summary of Mesozoic elasmobranch remains from Japan.

Morozumi, Y. (1985) Late Cretaceous (Campanian and Maastrichian) ammonites from Awaji Island, Sauthwest Japan.

Nakaya, H. (1989) Upper Cretaceous Elasmosaurid (Reptilia, Plesiosauria) from Hobetsu, Hokkaido, Northern Japan.

Niko, S. & T. Adachi (2004) Additional Material of Silurian Tabulate Corals from the Gionyama Formation, Miyazaki prefecture.

Niko, S. & T. Adachi,(2002) Silurian Alveolitina (Coelenterata: Tabulata) from the Gionyama Formation, Miyazaki prefecture.

Ogawa, K. & H. Nakaya (1998) Late Cretaceous Elasmosauridae Fossil from Nakagawa, Hokkaido, Japan.

Sato, T., Y. Hasegawa & M.Manabe (2006) A New Elasmosaurid Plesiosaur from the upper Cretaceous of Fukushima, Japan.

Tanimoto, M. (2005) Mosasaur remains from the upper Cretaceous Izumi Group of southwest Japan.

## おもな参考・引用文献


足立富男・児子修司「宮崎県祇園山層産シルル紀床板サンゴ類」地学研究、1996年

いわき地域学會回書「太古からのメッセージ　いわき産化石ノート」いわき地域学會出版部、1988年

大八木和久『産地別日本の化石800選』築地書館、2000年

沖津　昇『辷谷（すべりだに）のシルル紀化石』個人出版、2004年

小畠郁生『白亜紀の自然史』東京大学出版会、1993年

小原正顕「恐竜時代 IN 和歌山」和歌山県立自然博物館、2005年

『学生版日本古生物図鑑』北隆館、1982年

近畿地学会「痕跡」25号、26号、27号、28号、29号、2002〜2006年

重田康成『アンモナイト学　絶滅生物の知・形・美』東海大学出版会、2001年

田代正之『化石図鑑　日本の中生代白亜紀二枚貝』個人出版、1992年

田代正之『天草の地質と化石』南の風社、1997年

田中　猛他「サメの歯化石だより No.16」サメの歯化石研究会、2000年

東海化石研究会『Field Selection 化石』北隆館、1995年

仲谷英夫・谷本正浩・近藤康生・宇都宮聡・菊池直樹「鹿児島県長島町獅子島の白亜系御所浦層群幣串層より産出した長頸竜化石（予報）」日本地質学会113年学術大会要旨、2006年

浜田隆士・糸魚川淳二『日本の化石』小学館、1983年

早川浩司『化石が語るアンモナイト』北海道新聞社、2003年

平田泰祥「日本産床板サンゴに関する二、三の報告（別冊・短報）」サンゴ化石研究会、1999年

平田泰祥「神は化石の細部に宿る（別冊・短報）」サンゴ化石研究会、2001年

平田泰祥・仙才良人・沖津昇・宇都宮聡「宮崎県祇園山の化石」サンゴ化石研究会会報、2000年、2004年

平野弘道『絶滅古生物学』岩波書店、2006年

福岡幸一『北海道アンモナイト博物館』北海道新聞社、2000年

ユーバリセラス・ユーバレンゼ　*Yubariceras yubarense* 62
リビコセラス・アワジエンゼ　*Libycoceras awajiense* 30

■エビ

リヌパヌス・ジャポニカス　*Linuparus japonicus* 59, 60

■クビナガリュウ

エラスモサウロイド　*Elasmosaurid* 136〜139, 141
フタバサウルス・スズキイ　*Futabasaurus suzukii* 136, 142
プレシオサウロイド　*Plesiosauroidea* 117, 136

■サメの歯

ポリアクロダス・ミニムス　*Polyacrodus minimus* 45

■サンゴ

キタカミイア・ハマダイ　*Kitakamiia hamadai* 87, 88
シリンゴポーラ・ウツノミヤイ　*Syringopora utsunomiyai* 95
ソーマトリテス　*Thaumatolites* sp. 97
ハリシテス・クラータス　*Halysites cratus* 97
ハリシテス・クラオケンシス　*Halysites kuraokensis* 81, 82
ハリシテス・シスミルヒー　*Halysites sussmilchi* 84, 85, 93, 94
ハリシテス・ベルルス　*Halysites bellulus* 83, 84
ファルシカテニポーラ シコクエンシス　*Falsicatenipora shikokuensis* 78, 81
マルチゾレニア・トルトーサ　*Multisolenia tortuosa* 86

■三葉虫

スファエロクサス・ヒラタイ　*Sphaerexochus hiratai* 96

■二枚貝

イノセラムス・クニミエンシス　*Inoceramus kunimiensis* 30, 31
イノセラムス・ウワジメンシス　*Inoceramus uwajimensis* 49, 50
イノセラムス・バルティカス　*Inoceramus balticus* 19
スフェノセラムス・シュミッティ　*Sphenoceramus schmidti* 134
プテロトリゴニア　*Pterotrigonia* sp. 11, 12, 134
ヤーディア　*Yaadia* sp. 30

# 化石名索引

■アンモナイト

アナゴードリセラス・リマタム　*Anagaudryceras* cf. *limatum*　50
アナシビリテス　*Anasibirites* sp.　42〜44
アニソセラス　*Anisoceras* sp.　133
グレイソニテス　*Graysonites* sp.　102〜104, 122
グレイソニテス aff.アドキンシ　*Graysonites* aff. *adkinsi*　103
グレイソニテス aff.ウッドリッジイ　*Graysonites* aff. *wooldrigei*　口絵 iii　103
シャーペイセラス・コンゴウ　*Sharpeiceras kongo*　56
スカフィテス　*Scaphites* sp.　50, 51
ダメシテス　*Damesites* sp.　50
ディディモセラス　*Didymoceras* sp.　18
ディディモセラス・アワジエンゼ　*Didymoceras awajiense*　22, 24, 25
デスモセラス　*Desmoceras* sp.　122, 132
ニッポニテス　*Nipponites* sp.　56〜59
ノストセラス・ヘトナイエンゼ　*Nostoceras hetonaiense*　27
パキディスカス　*Pachydiscus* sp.　32, 66
パキディスカス・アワジエンシス　*Pachydiscus awajiensis*　28, 30
パキデスモセラス　*Pachydesmoceras* sp.　66〜69
パラクリオセラス　*Paracrioceras* sp.　75
フォレステリア　*Forresteria* sp.　50
プゾシア・タモン　*Puzosia tamon*　56
プラビトセラス・シグモイダーレ　*Pravitoceras sigmoidale*　25, 26
ボストリコセラス　*Bostrychoceras* sp.　50
マリエラ　*Mariella* sp.　133
ミーコセラス　*Meekoceras* sp.　42
メタプラセンティセラス サブティリストリアータム　*Metaplacenticeras subtilistriatum*　18

# 地質年代表

| 代 | 紀 | 世 | 化石 | 境界 |
|---|---|---|---|---|
| 太古代 | | | | 25億年前 |
| 原生代 | | | | 5億4200万年前 |
| 古生代 | カンブリア紀 | | | 4億8800万年前 |
| | オルドビス紀 | | | 4億4300万年前 |
| | シルル紀 | | ↕祇園山の化石 | 4億1600万年前 |
| | デボン紀 | | | 3億5900万年前 |
| | 石炭紀 | | | 2億9900万年前 |
| | ペルム紀 | | | 2億5100万年前 |
| 中生代 | 三畳紀 | | ↕魚成の化石 | 1億9900万年前 |
| | ジュラ紀 | | | 1億4500万年前 |
| | 白亜紀 | 後期白亜紀：セノマニアン紀 | 上勝町 | |
| | | チューロニアン紀 | 獅子島 | |
| | | コニアシアン紀 | 北海道 | |
| | | サントニアン紀 | 宇和島 | |
| | | カンパニアン紀 | 阿讃山脈 | |
| | | マーストリヒシアン紀 | 淡路島の化石 | 6500万年前 |
| 新生代 | 古第三紀 | 暁新世 | | |
| | | 始新世 | | |
| | | 漸新世 | | 2300万年前 |
| | 新第三紀 | 中新世 | | 500万年前 |
| | | 鮮新世 | | 180万年前 |
| | | 更新世 | | 1万年前 |
| | | 完新世 | | |

著者紹介

**宇都宮 聡**（うつのみや さとし）

1969年10月愛媛県に生まれる。

立命館大学産業社会学部卒業。

松下電工㈱住建マーケティング本部勤務。

小学生時代に化石に出会い、その魅力の虜になり、以来ライフワークとして化石採集を続けている。

一男一女のよきパパでもあり、家庭と仕事と趣味の化石採集を両立させながら、国内最大級のアンモナイト（口絵）や四国最古のサメの歯化石（45ページ）、新種のサンゴ化石（87、95ページ）、そして2004年には、九州ではじめて、白亜紀日本最古のクビナガリュウ化石（口絵）を発見するなど、超大物化石を多数発見・採集している。

クビナガリュウ化石には、著者の名前にちなんで「サツマウツノミヤリュウ」と名づけられた。

現在は、勤務の関係で石川県金沢市に在住、白山に眠るまだ見ぬ化石たちとの出会いに胸を躍らせている。

# クビナガリュウ発見！
## 伝説のサラリーマン化石ハンターが伝授する化石採集のコツ

2007年2月20日　初版発行

著者　宇都宮聡
発行者　土井二郎
発行所　築地書館株式会社
〒104-0045
東京都中央区築地7-4-4-201
☎03-3542-3731　FAX 03-3541-5799
http://www.tsukiji-shokan.co.jp/
振替00110-5-19057
組版　ジャヌア3
印刷製本　株式会社シナノ
装丁　小島トシノブ＋齋藤四歩（NONdesign）

 Printed in Japan ISBN978-4-8067-1343-2

## ●鉱物・化石の本

### 週末は「婦唱夫随」の宝探し

宝石・鉱物採集紀行

辰尾良二・くみ子［著］　一六〇〇円＋税

アウトドア好きワクワク、鉱物好き苦笑いの、実録・珍道中エッセイ！　読むと鉱物採集についてよ〜くわかる！　茨城県桜川市のガーネット採集、富山県宮崎海岸のヒスイ拾い、岐阜県中津川市のトパーズなどを収録。

### 宝石・鉱物　おもしろガイド

辰尾良二［著］　5刷　一六〇〇円＋税

お金がなくても楽しめるジュエリー収集から、とっておきの宝石採集ガイドまで。鉱物の知識でホンモノを味わう本。鉱物と宝石にまつわる楽しい知識が満載。宝石に詳しくないあなたも、鉱物趣味の愛好家も必見。業界のウラ話もたのしい決定版。

### 産地別　日本の化石８００選

本でみる化石博物館

大八木和久［著］　3刷　三八〇〇円＋税

著者自身が35年かけて採集した化石832点を、オールカラーで紹介。日本のどこでどのように採れたのかがわかる化石の産地別フィールド図鑑。採集からクリーニングまで、役立つ情報を満載した。

### 産地別　日本の化石６５０選

本でみる化石博物館・新館

大八木和久［著］　三八〇〇円＋税

著者が採集した化石９０００余点から６７２点を厳選。『日本の化石８００選』とあわせて見ることで、採集・クリーニングの技術をすべてマスターできる。産地・産出状況など、愛好家がほんとうに知りたい情報を整理。

総合図書目録進呈。ご請求は左記宛先まで。

〒一〇四—〇〇四五　東京都中央区築地七—四—四—二〇一　築地書館営業部

《価格・刷数は、二〇〇七年二月現在のものです。》

くわしい内容はホームページで。URL=http://www.tsukiji-shokan.co.jp/

## ●不思議な生き物たち

### ここまでわかったアユの本
変化する川と鮎、天然アユはどこにいる？

高橋勇夫＋東健作［著］　5刷　二〇〇〇円＋税

アユ不漁と消えゆく天然アユ……。川と海を行き来する魚、鮎の秘密を探った本。川に潜ってアユを直接見てきた研究者がわかりやすく語る。ビーパル（渡辺昌和）評＝フィールドからのアユ学をまとめた一級の観察記録。

### ヤマネって知ってる？
ヤマネおもしろ観察記

湊秋作［著］　2刷　一五〇〇円＋税

体長8センチ、体重18グラム。クリッとした黒目にふさふさの毛。数千万年前から日本の森に住み、『不思議の国のアリス』にも登場するヤマネとヤマネの生活をユーモアたっぷりに紹介する。

百姓仕事がつくるフィールドガイド
### 田んぼの生き物

飯田市美術博物館［編］　2刷　二〇〇〇円＋税

春の田起こし、代掻き、稲刈り……四季おりおりの水田環境の移り変わりとともに、そこに暮らす生き物のオールカラー写真図鑑。魚類、爬虫類、トンボ類など24の種を網羅した。

### カタツムリの生活

大垣内宏［著］　3刷　二〇〇〇円＋税

ビーパル評＝カタツムリに代表される陸にすむ貝の衣食住や生態などをやさしく解説した入門書。貝殻の違いから新種を発見したり、飼育を楽しんだり、はまってしまうと興味の尽きない世界でもある。本書が案内してくれる陸貝の世界は、間違いなく驚きの連続になるだろう。